T0209641

essentials

Das Buch zielt darauf ab, das Wissen zu vermitteln, welches hilft, vermeidbare Kosten zu eliminieren. Das Studium erfordert Grundkenntnisse in der Zerspanung Die in der Zerspanung übliche Nomenklatur wurde übernommen.

Alkoven   Egbert Schäpermeier
August 2021

Inhaltsverzeichnis

1 Einleitung 1

2 Ähnlichkeitsmechanik der Spanbildung 3
   2.1 Prinzip der Ähnlichkeitsmechanik 3
   2.2 Unvollkommene Ähnlichkeit 4
      2.2.1 Temperatur im Kontaktbereich
             Spanunterseite/Spanfläche 4
      2.2.2 Péclet-Zahl 6
      2.2.3 Drei Bereiche mit vollkommener Ähnlichkeit 7
   2.3 Vollkommene Ähnlichkeit mit wirtschaftlich optimaler
       Spanbildung 9
      2.3.1 Thermisches Geschwindigkeitsverhältnis 10
      2.3.2 Geometrische Ähnlichkeit 11
      2.3.3 Reaktionskräfte am Werkzeug 11
      2.3.4 Ablauf der Spanbildung 14
      2.3.5 Abgleich der inneren und äußeren Kräfte 17
      2.3.6 Ursächliche Einflussgrößen 19
      2.3.7 Spanarten 25
      2.3.8 Besonderheiten der Spanbildung 25
      2.3.9 Verschleiß 27
      2.3.10 Einfluss des Spanwinkels 30
      2.3.11 Abgrenzung des Bereichs 30
   2.4 Wirkpaar 33
      2.4.1 Kinematik 34
      2.4.2 Grundlagen für die Werkzeugnutzung 39

2.5   Dimensionslose Darstellung des Gesamtbereichs der
       Spanbildung   47
2.6   Zuordnung verfahrensspezifischer Eigenschaften zum
       Gesamtbereich   48
       2.6.1   Thermische Effekte   49
       2.6.2   Mechanische Effekte   50

**3   Anwendung der Grundlagen für wirtschaftlich optimale
       Spanbildung**   53
3.1   Vorgabe von Schnittdaten   53
       3.1.1   Bisherige Ermittlung der Maschineneinstelldaten   53
       3.1.2   Optimierte Ermittlung der Maschineneinstelldaten   54
3.2   Prozessauslegung   56
       3.2.1   Kinematik   56
       3.2.2   kinematische Maschineneinstelldaten   59
       3.2.3   Optimieren der Vorgabewerte   59
3.3   Prozessoptimierung in der Serienfertigung   60

4   Zusammenfassung   63

Literatur   67

Einleitung 1

Beim Zerspanen mit geometrisch bestimmter Schneide wird Werkstücken eine bestimmte Form gegeben, indem von Rohteilen überschüssiges Material in Form von Spänen abgetragen wird. Dabei erfährt das von der Schneide erfasste Material zunächst die Umformung zum Span, der anschließend über die Spanfläche ausgeschoben wird. Dieser Vorgang wird als Spanbildung bezeichnet.

Das „Regelglied" für die Art der Reibung bildet dabei die Temperatur im Kontaktbereich Spanunterseite/Spanfläche. Die Höhe dieser Temperatur wird von der Größe des thermischen Geschwindigkeitsverhältnisses bestimmt. Dieses wird gebildet vom Quotienten des bezogenen Zeitspanvolumens und der Temperaturleitfähigkeit des zum Span umgeformten Materials.

Die Temperatur im Kontaktbereich Spanunterseite/Spanfläche lässt sich nicht direkt messen, da kein Messverfahren die Stelle erreicht, an welcher der gewünschte Messwert vorliegt. Hier bietet sich die Anwendung der Gesetze der Ähnlichkeitsmechanik an. Mit deren Hilfe lässt sich für den theoretischen Fall der Spanbildung mit unendlich breitem Span die Temperatur im Kontaktbereich rechnerisch ermitteln.

Die Art der Reibung, welche beim Ausschieben des Spans im Kontaktbereich Spanunterseite/Spanfläche entsteht, hat starken Einfluss auf den Schneidenverschleiß und damit auf die Wirtschaftlichkeit eines Bearbeitungsergebnisses. In dem Bereich, in dem die Spanbildung mit Grenzreibung einhergeht, bildet sich durch die hohen Temperaturen im Kontaktbereich Spanunterseite/Spanfläche eine „Schutzschicht" aus. Diese „minimiert" den Werkzeugverschleiß.

Um diese Art der Spanbildung zu erreichen, sind bestimmte Voraussetzungen bezüglich der kinematischen Maschineneinstelldaten (Schnitt- und Vorschubgeschwindigkeit) zu erfüllen. Lässt sich ein Bearbeitungsvorgang prinzipiell so auslegen, dass die Spanbildung unter Grenzreibung erfolgen kann, ist zusätzlich

E. Schäpermeier, *Zerspanung mit Eigenschmierstoff*, essentials, https://doi.org/10.1007/978-3-658-36381-9_1

das kinematische Geschwindigkeitsverhältnis den Bedürfnissen des Bearbei-tungsergebnisses anzupassen. Der Praktiker erhält hierzu die Anleitung für die Berechnung der Werte für die auf den jeweiligen Einsatzfall zugeschnittenen Maschineneinstelldaten.

Das zentrale Problem, Zerspanungsvorgänge optimal auszulegen, besteht darin, dass der Verschleiß durch die Art der Reibung im Kontaktbereich Span-unterseite/Spanfläche beeinflusst wird. Ein weiteres Problem besteht darin, dass der Verschleiß durch die Kombination der Spanbarkeit des Werkstoffs und der Schneidhaltigkeit der Schneide beeinflusst wird. Dieses Manko entfällt bei dem Einsatz von Werkzeugen in der Serienfertigung. Hier wird jede Bearbeitungs-stelle an einem Werkstück durch ein Wirkpaar (feste Kombination von Werkstoff und Werkzeug) hergestellt. Dadurch kann die Kombination von Spanbarkeit und Schneidhaltigkeit als Konstante betrachtet werden. Hinzukommt, dass sich die Leistungsfähigkeit eines Wirkpaares dadurch offenbart, dass die Anzahl der Werkstücke feststeht, welche innerhalb eines Werkzeugwechselzyklus IO gefertigt werden können.

Mit Hilfe der Modellgesetze, welche für die Spanbildung mit Grenzreibung gelten, bietet sich damit die Möglichkeit, die kinematischen Maschineneinstell-daten eines Wirkpaares rechnerisch dahingehend zu überprüfen, ob das jeweils eingesetzte Werkzeug mit vollem Leistungsvermögen arbeitet. Ist dies nicht der Fall, lassen sich die Maschineneinstelldaten optimieren.

Dies kann gerade in der Serienfertigung beträchtliche Kosten einsparen, weil vermeidbare Kosten über einen langen Zeitraum anfallen. Dies gilt insbesondere für alle Schruppoperationen beim Drehen und Fräsen.

Ähnlichkeitsmechanik der Spanbildung 2

Um die Gesetze der Ähnlichkeitsmechanik nutzen zu können, ist es erforderlich, das Prinzip kurz zu beschreiben. Dabei ist es für die Anwendung auf die Beschreibung des Vorgangs der Spanbildung zunächst ausreichend, das Grundprinzip der Ähnlichkeitsmechanik darzustellen.

Es wird gezeigt, dass der gesamte Bereich der Spanbildung nicht den gleichen Gesetzmäßigkeiten folgt und damit insgesamt eine unvollkommene Ähnlichkeit aufweist. Zudem lässt sich der Bereich vollkommener Ähnlichkeit abgrenzen, in dem die Spanbildung mit wirtschaftlich optimalem Bearbeitungsergebnis erfolgen kann. Für diesen Bereich werden die Gesetzmäßigkeiten der Ähnlichkeitsmechanik danach angewendet, um Modellgesetze abzuleiten.

2.1 Prinzip der Ähnlichkeitsmechanik

Vorgänge in der Natur folgen Naturgesetzen. Da die Natur keine Dimensionen kennt, sind diese Gesetze dimensionslos „aufgebaut". Das Prinzip dieser Struktur lässt sich durch die Gesetze der Ähnlichkeitsmechanik nachbilden. Die Ähnlichkeitsmechanik postuliert, dass der Ablauf von Vorgängen in der Natur meist aus dem Zusammenwirken mehrerer Einzeleffekte resultiert und jeder Effekt dabei durch eine dimensionslose Kennzahl charakterisiert werden kann. Dabei wird unterschieden zwischen einer vollkommenen und einer unvollkommenen Ähnlichkeit. Danach besteht eine vollkommene Ähnlichkeit dann, wenn am Ablauf zweier Vorgänge die gleichen Einzeleffekte beteiligt sind.

Ist dies der Fall und weisen die dimensionslosen Kennzahlen beider Vorgänge die gleiche Größe auf, so laufen die Vorgänge ähnlich ab. Sind in diesem Fall jedoch nur die Einzeleffekte gleich, die Werte der dimensionslosen Kennzahlen dagegen unterschiedlich groß, so folgt der Ablauf der beiden Vorgänge

E. Schäpermeier, *Zerspanung mit Eigenschmierstoff*, essentials, https://doi.org/10.1007/978-3-658-36381-9_2

einem Modellgesetz, das sich als Potenzprodukt der dimensionslosen Kennzahlen darstellen lässt. Eine Anwendung der Gesetze der Ähnlichkeitsmechanik zur geschlossenen analytischen Nachbildung eines Vorgangs setzt das Vorhandensein einer vollkommenen Ähnlichkeit voraus.

In der Natur ablaufende Vorgänge werden damit ausschließlich von dimensionslosen Kennzahlen beeinflusst. Diese Kennzahlen werden gebildet durch Potenzprodukte mehrerer am Einzeleffekt beteiligter, dimensionsbehafteter Parameter. Oft sind daran drei solcher Parameter beteiligt. Durch diese Reduktion der Anzahl der an einem Vorgang beteiligten Einflussgrößen sowie durch die Beachtung der Bedingungen für die vollkommene Ähnlichkeit ist eine geschlossene analytische Darstellung eines Vorgangs nicht nur wesentlich übersichtlicher, sondern überhaupt erst möglich.

2.2   Unvollkommene Ähnlichkeit

Die kinematischen Maschineneinstelldaten eines Bearbeitungsvorgangs beeinflussen die Temperatur, welche sich im Kontaktbereich Spanunterseite/Spanfläche infolge der Spanbildung einstellt. Die Höhe der Temperatur resultiert wiederum in unterschiedlichen Arten der Reibung in diesem Kontaktbereich. Damit handelt es sich bei der Spanbildung insgesamt um einen Vorgang mit unvollkommener Ähnlichkeit. Um Bereiche vollkommener Ähnlichkeit aus dem Gesamtfeld separieren zu können, ist es erforderlich, die Art der Reibung voraussagen zu können. Hierzu muss zunächst die Abhängigkeit der Temperatur von den kinematischen Maschineneinstelldaten und danach der Einfluss der Temperatur auf die Art der Reibung ermittelt werden.

2.2.1   Temperatur im Kontaktbereich
Spanunterseite/Spanfläche

Wie bereits einleitend beschrieben, lässt sich die Temperatur im Kontaktbereich Spanunterseite/Spanfläche in einem zweidimensionalen Temperaturfeld mithilfe der Ähnlichkeitsmechanik berechnen.

Zunächst sind hierzu die Einflussgrößen festzulegen, welche die Spanbildung beeinflussen. In Tab. 2.1 sind die Parameter hierfür zusammengestellt.

Die in der Tabelle aufgeführten Dimensionen setzen sich zusammen aus folgenden Grundgrößen:

Tab. 2.1 Parameter zur Beschreibung der Fließspanbildung

Parameter	Formelzeichen	Dimension
Spanungsdicke	h	L
Schnittgeschwindigkeit	v_c	L/T
Spezifische Schnittkraft	k_c	K/L^2
Schubfließgrenze	τ_F	K/L^2
Temperatur	T_k	Θ
volumenspez. Wärmekapazität	$(\rho * c)$	$K / (L^2 * \Theta)$
Wärmeleitfähigkeit	Λ	$K / (T * \Theta)$

- L = Länge
- T = Zeit
- K = Kraft
- Θ = Temperatur.

Die Dimensionsanalyse liefert folgende Gleichung für die Temperatur im Kontaktbereich Spanunterseite/Spanfläche T_k.

$$T_k = C * \frac{k_c}{\rho * c} * \left(\frac{v_c * h}{A_T} \right)^{0,5} \sim \left(\frac{v_c * h}{A_T} \right)^{0,5} \sim \sqrt{Pe} \qquad (2.1)$$

Die Ähnlichkeitsmechanik liefert zwar analytische Abhängigkeiten, lässt sich jedoch nicht einsetzen, um absolute Größen zu berechnen.

Somit ergibt sich zunächst das gleiche Problem wie bei der messtechnischen Ermittlung. Man erhält nur die tendenzielle Abhängigkeit. Die Konstante wäre nämlich experimentell zu bestimmen. Der Vorteil der analytischen Beschreibung liegt jedoch darin, dass die Abhängigkeit der Temperatur im Kontaktbereich Spanunterseite/Spanfläche von den Einflussgrößen darstellbar ist, welche durch die Vorgabe der kinematischen Maschineneinstelldaten bestimmt werden. Außerdem wird durch die Abhängigkeit von der Péclet-Zahl der Einfluss der Spanbarkeit des Werkstoffs in Form seiner Temperaturleitfähigkeit A_T berücksichtigt.

2.2.2 Péclet-Zahl

Die Péclet-Zahl charakterisiert Vorgänge, bei denen ein Wärme- oder Stoff-transport zwischen zwei gegeneinander bewegten Medien erfolgt. Im Falle der Spanbildung entsteht die Wärmequelle durch das Ausschieben des zum Span umgeformten Materials über die Spanfläche durch die Reibung. Die durch die Reibung entstehende Wärme fließt aufgrund des Temperaturgefälles normal zur Spanfläche sowohl in die Schneide als auch in den Span. Dabei ist der Wär-mefluss in den Span wesentlich höher, da mit dem Span ständig „kühleres" Material nachgeliefert wird, während die Wärmequelle auf der Schneide stationär positioniert ist. Entscheidend für die Temperatur im Kontaktbereich Spanunter-seite/Spanfläche ist damit der Wärmefluss, welcher quer zur Ausschubrichtung des Spans in diesen hinein fließt und mit ihm aus dem Kontaktbereich abge-führt wird. Je größer dieser Anteil ist, desto geringer ist die Temperatur im Kontaktbereich.

Diese Temperatur steigt, wie aus Gl. 2.1 zu ersehen, mit wachsender Größe der Péclet-Zahl.

$$Pe = \frac{v_c/\lambda}{A_T/(h*\lambda)} = \frac{v_c * h}{A_T} \qquad (2.2)$$

Der Span gleitet mit einer Geschwindigkeit über die Spanfläche, die proportional zur Schnittgeschwindigkeit v_c ist. Die Gleitgeschwindigkeit des Spans beträgt v_c/λ, wobei λ für die Spanstauchung steht. Die Geschwindigkeit, mit der sich Isothermen eines Temperaturfeldes bewegen, nimmt mit dem Abstand von der Wärmequelle ab. Der Quotient $A_T / (h*\lambda)$ beschreibt die auf die Spandicke bezogene Geschwindigkeit des Temperaturfeldes im Span. Je größer die Tem-peraturleitzahl A_T ist, desto schneller nimmt der Span die Wärme auf bzw. desto mehr Wärme kann pro Zeiteinheit über den Span abfließen.

Durch die in Gl. 2.2 dargestellte Umformung erkennt man, dass die Tempera-tur im Kontaktbereich von der Größe des bezogenen Zeitspanvolumens und der Temperaturleitfähigkeit eines zu zerspanenden Werkstoffs abhängt.

Vergleicht man die Werte der Temperaturleitfähigkeit von Aluminium (90 mm²/s) und Stahl mittlerer Spanbarkeit (9 mm²/s) so wird deutlich, dass sich Aluminium mit erheblich größeren bezogenen Zeitspanvolumen zerspanen lässt als Stahl.

Die Werte für die Temperaturleitzahl von Stahl bewegen sich etwa zwischen 14 mm²/s bei einem leicht spanbaren und 4 mm²/s bei einem schwer spanba-ren Werkstoff. Würde man beide Werkstoffe mit derselben Schneide und den gleichen geometrischen Eingriffsverhältnissen bearbeiten, so müsste die Schnittgeschwindigkeit beim leicht spanbaren etwa 3,5 mal so groß sein wie beim schwer spanbaren, um vergleichbare Standzeiten zu erhalten.

Mit der Péclet-Zahl erhält man damit die dimensionslose Kennzahl, welche die Höhe der Temperatur im Kontaktbereich Spanunterseite/Spanfläche im theoretischen Fall unendlicher Spanungsbreite bestimmt. Wie später dargelegt wird der Ausdruck dieser Kennzahl auf die endliche Spanungsbreite erweitert und kann damit als Maß für diese Temperatur in die Berechnungen einbezogen werden.

2.2.3 Drei Bereiche mit vollkommener Ähnlichkeit

Die Art der Reibung, welche sich im Kontaktbereich einstellt, wird damit „gesteuert" durch die Größe der entsprechenden dimensionslosen Kennzahl. Die Reibung entsteht durch die Verschiebung der Kontaktflächen gegeneinander. Die Verhältnisse, unter denen diese Verschiebung erfolgt, sind gekennzeichnet durch die extrem hohen Normaldrücke, welche auf der Reibfläche anliegen. Um analytische Zusammenhänge zwischen Bewegung und Verschleiß darzustellen, ist es erforderlich, den Einfluss der Mikrostruktur der Spanunterseite sowie die der Spanfläche in die Betrachtungen mit einzubeziehen.

Die mikroskopischen Unebenheiten bringen es mit sich, dass Teile der Kuppen der Spanunterseite in die Mulden der Spanfläche hineinragen. Das Ausschieben des Spans kann wegen des hohen Normaldruckes nur durch das Abscheren der „überstehenden Kuppen" der Spanunterseite bewerkstelligt werden. Diese Konstellation ergibt sich bei niedrigen Werten der Péclet-Zahl und damit bei niedriger Temperatur im Kontaktbereich Spanunterseite/Spanfläche.

Bei der in Abb. 2.1 skizzierten Konfiguration werden die abgescherten Kuppen

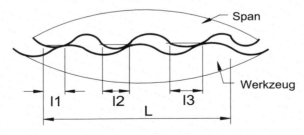

Abb. 2.1 Mikrostruktur der Reibflächen, Temperatur T_k gering

der Spanunterseite in den Mulden der Spanunterseite mit dem Span abtranspor-
tiert. Bei Steigerung der Temperatur steigt die Durchdringung der Reibflächen.
Dadurch steigt auch das Volumen der abzuscherenden Kuppen. Das Ende der
Temperatursteigerung für diesen Bereich vollkommener Ähnlichkeit ist dann
erreicht, wenn das Volumen der abgescherten Kuppen die Mulden der Spanunterseite füllt. Die Art der Reibung in diesem Bereich ist dem Fachgebiet Tribologie
zuzuordnen. Wie dem Ausdruck nach Gl. 2.2 zu entnehmen ist, werden in diesem
Bereich geringe Werte des bezogenen Zeitspanvolumens erreicht.

Der zweite Bereich ist der Bereich der Temperaturen, in welchem die Durchdringung der Mikrostruktur der Reibflächen so groß wird, dass sich die Reste der
abgescherten Kuppen, die keinen Platz mehr in den Mulden der Spanunterseite
finden, in den Mulden der Spanfläche ablagern. Die Ablagerungen in den Mulden
der Spanfläche häufen sich an und bilden sogenannte Aufbauschneiden. Wird die
Aufbauschneide zu groß, wird sie von dem Span wieder losgerissen. Das Auf-
bauen und Abreißen ist ein dynamischer Prozess, bei dem die Gefahr besteht, dass
das Gesamtsystem zu Schwingungen angeregt wird. Außerdem kommt es teilweise zu Verschweißungen der Reste, welche sich in den Mulden der Spanfläche
anlagern, mit der Spanfläche. Beim Losreißen dieser Verschweißungen können
Partikel der Spanfläche mitgenommen werden. Diese „Art der Reibung" führt zu
hohem, unkontrolliertem Verschleiß. Eine Bearbeitung mit Spanbildung in diesem
Bereich sollte, wenn immer möglich gemieden werden.

Legt man einen Bearbeitungsvorgang so aus, dass der Span unter Grenzreibung
ausgeschoben wird, erhält man die wirtschaftlich optimalen Voraussetzungen
für das zu erzielende Bearbeitungsergebnis. Zum einen ergeben sich in diesem
Bereich die größten erreichbaren Werte für das bezogene Zeitspanvolumen und
zum anderen ist dies der Bereich mit dem geringsten Verschleiß. In diesem Fall
ist die Temperatur im Kontaktbereich Spanunterseite/Spanfläche so hoch, dass
der Zwischenraum (Höhe Ra), der sich durch die Mikrorauheit der Spanfläche
ergibt, wie in Abb. 2.2 dargestellt zum Großteil mit „teigigem Eigenschmierstoff" gefüllt ist. Damit erfahren, wie später erläutert, nur noch die Kuppen der
Spanfläche (Höhe ΔRa) eine verringerte Verschleißbelastung.

Die positiven Effekte der Grenzreibung kommen erst dann zur Geltung, wenn
sich die „Schmierschicht" auf der vollen Länge des Kontaktbereiches gebildet
hat. Zwischen dem Bereich der Bildung von Aufbauschneiden und dem Bereich
mit Grenzreibung ergibt sich dadurch ein Übergangsbereich. Auf die Lage der
Bereiche vollkommener Ähnlichkeit im insgesamt möglichen Bereich wird in
Abschn. 2.3.11 eingegangen.

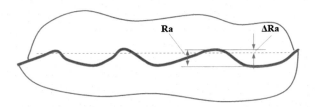

Abb. 2.2 Reibflächen bei Grenzreibung, Temperatur T_k sehr hoch

Die drei Bereiche vollkommener Ähnlichkeit unterscheiden sich letztlich durch die Verschleißmechanismen, welche sich aufgrund der unterschiedlichen Arten der Reibung ergeben.

2.3 Vollkommene Ähnlichkeit mit wirtschaftlich optimaler Spanbildung

Der Bereich vollkommener Ähnlichkeit, in dem sich der geringste Verschleiß einstellt, liefert die höchsten Werte für das bezogene Zeitspanvolumen. Somit ist dieser Bereich aus wirtschaftlicher Sicht der interessanteste, zumal die Spanbildung in diesem Bereich ihren eigenen Schmierstoff bildet. Hiermit ist nicht nur die Einsparung des externen Schmierstoffs interessant. Je effizienter und verschleißärmer der Prozess läuft, desto geringer sind Energie- und Werkstoffeinsatz. Die Nutzung der Spanbildung in diesem Bereich ist ökologisch gesehen als Gesamtpaket zu betrachten.

Für diesen Bereich lässt sich die Abhängigkeit des Schneidenverschleißes von den Maschineneinstelldaten analytisch beschreiben. Hierzu ist es zunächst erforderlich, den Einfluss der endlichen Spanungsbreite in die Betrachtungen mit einzubeziehen. Für diesen Schritt bietet sich die Spanbildung beim freien, orthogonalen Schnitt an. In Abb. 2.3 ist diese Konstellation dargestellt.

In die Darstellung in Abb. 2.3 ist die orthogonale Ebene der Spanbildung als strichpunktierte Fläche und die Spanungsfläche als gestrichelte Fläche eingezeichnet. Die orthogonale Ebene ist die Ebene, welche durch die Richtungen von Schnitt- und Ausschubgeschwindigkeit des Spans aufgespannt wird.

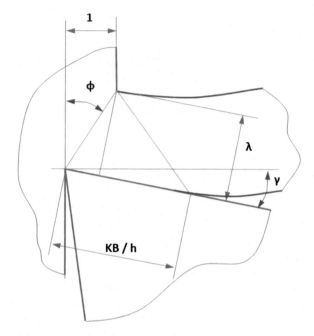

Abb. 2.4 Orthogonale Ebene der Spanbildung, dimensionslos

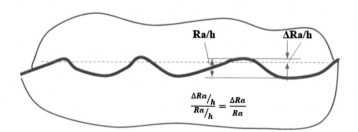

Abb. 2.5 Kontaktbereich Spanunterseite/Spanfläche, dimensionslos

ist somit entgegengesetzt der Ausschubrichtung. Die am Werkzeug messbaren Reaktionskräfte Schnittkraft F_c und Drangkraft F_d lassen sich damit in der orthogonalen Ebene einzeichnen.

Für die Darstellung des Gleichgewichts zwischen den inneren und äußeren Kräften ist alleine der Winkel ρ erforderlich. Somit ist die Kenntnis der absoluten Werte der Reaktionskräfte in diesem Fall für die weiteren Betrachtungen nicht erforderlich. Allerdings werden bei diesen Betrachtungen die Werte für die auf 1 mm Spanungsbreite bezogenen Schnittkräfte verwendet.

In Abb. 2.6 ist die Schergerade grün eingezeichnet. In diesem Bereich findet die Umformung des abzuspanenden Materials zum Span statt. In Richtung dieser Geraden herrscht die maximale Schubspannung. Die rot eingezeichnete Resultierende der Reaktionskräfte liefert die Richtung der maximalen Hauptspannung. Der Winkel α bezeichnet den Winkel zwischen maximaler Scher- und maximaler Hauptspannung und beträgt damit 45°.

$$\tan\rho = \frac{F_d}{F_c} \tag{2.4}$$

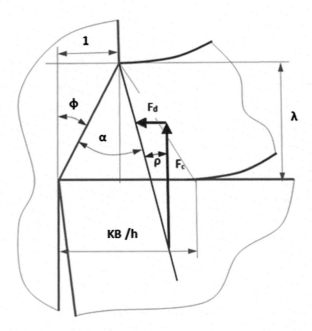

Abb. 2.6 Reaktionskräfte am Werkzeug

Der Scherwinkel Φ beträgt wie aus der Darstellung nach Abb. 2.6 zu ersehen:

$$\phi = \frac{\pi}{4} - \rho = \frac{\pi}{4} - \arctan\left(\frac{F_d}{F_c}\right) \tag{2.5}$$

Die Größe des Scherwinkels lässt sich mit Hilfe von Gl. 2.5 berechnen, wenn die Schnittkräfte gemessen werden.

2.3.4   Ablauf der Spanbildung

In Abb. 2.7 ist der Weg eines der insgesamt abzuspanenden Partikel durch den Bereich der Spanbildung als gestrichelte Linie eingetragen.

Die Partikel des abzuspanenden Materials treten mit Schnittgeschwindigkeit in den Bereich der Schergeraden ein. In diesem Bereich erfolgt eine Scherung des Materials. Diese Scherung bewirkt die „Umlenkung" in die Ausschubrichtung. Auf dem Ausschubweg zwischen der Schergeraden und der Resultierenden von Schnitt- und Drangkraft befindet sich das Material durch die Wirkung der äußeren Kräfte in plastischem Zustand. Auf dem Weg zwischen roter und blauer Geraden wird dieser Einfluss abgebaut. Nach dem „Überqueren" der blauen Geraden ist der Spannungszustand des Spans dann unbeeinflusst von Schnittkräften.

Beim Ablauf dieses Vorgangs wirken Spannungs- und Temperaturfeld zusammen. Das Regelprinzip ist dabei darauf ausgerichtet, die Größe des Verhältnisses ΔRa/Ra so einzustellen, dass sich ein konstanter Reibungsbeiwert μ ergibt.

$$\mu = \frac{F_d/F_c}{KB/h} \tag{2.6}$$

Charakteristisch für die Grenzreibung ist dabei der niedrige Reibungsbeiwert, welcher im Bereich von knapp über 0,1 bis etwa 0,15 liegt. Dies erklärt zwar den geringen Verschleiß, bedarf aber einer detaillierten Deutung, um dieses Phänomen verständlich zu machen.

Der Abgleich der inneren mit den äußeren Kräften führt zentral über den plastischen Bereich der Spanbildung, welcher in Abb. 2.7 zwischen grüner und roter Gerade liegt. Maßgebend ist dabei der Spannungszustand in diesem Bereich, der die Umformung zum Span mit seinem Ausschieben über die Spanfläche koordiniert.

Im Bereich der Schergeraden liefert die bezogene Schnittkraft die Normalspannung $\sigma = F_c'/h$. Die entsprechende Schubspannung $\tau = F_d'/KB$ wird im

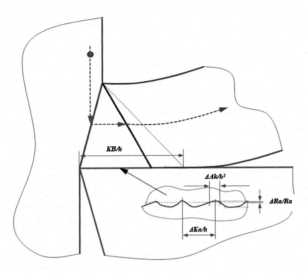

Abb. 2.7 Weg eines Partikels durch den Bereich der Spanbildung

Kontaktbereich Spanunterseite/Spanfläche initiiert und wirkt damit im gesamten plastifizierten Bereich. Sie ergibt sich aus der bezogenen Drangkraft und der Länge dieses Kontaktbereiches.

In Richtung der Schergeraden wirkt die maximale Scherspannung τ_{max}. Normal dazu herrscht im plastifizierten Bereich der hydrostatische Druck p. Der Reibungsbeiwert lässt sich durch Umformung von Gl. 2.6 wie folgt bilden:

$$\mu = \frac{F'_d / KB}{F'_c / h} = \frac{\tau}{\sigma} \qquad (2.7)$$

Damit scheint sich das Reibungsverhalten in diesem Fall nicht wie üblich durch ein Kräfteverhältnis, sondern durch das Verhältnis der Spannungen zu äußern. Um diese scheinbare Abnormität zu untersuchen, sind die Verhältnisse beim Ausschieben des Spans im Detail darzulegen (Abb. 2.8).

Der hydrostatische Druck wirkt normal auf die gesamte Länge des Kontaktbereiches Spanunterseite/Spanfläche. Der Scherwiderstand gegen das Ausschieben des Spans hängt damit ab von der gesamten Länge dieses Bereichs. Die Schnittkraft kann sich dagegen nur auf den Kuppen der Spanfläche abstützen, da die Spanunterseite erst oberhalb der in Abb. 2.9 gestrichelten Linie „entsprechende Festigkeit" besitzt.

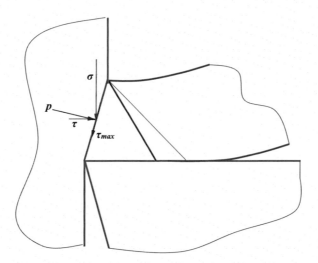

Abb. 2.8 Transformation der Spannungen im Bereich der Schergeraden

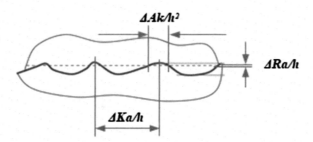

Abb. 2.9 Detail der Grenzreibung

In Abb. 2.9 steht Ak für die Fläche aller Kuppen und ΔKa für den mittleren Abstand der Kuppen. Die Unterseite des Spans liefert in diesem Fall einen „Abdruck der Skyline der Spanfläche", wie in Abb. 2.10 dokumentiert.

Der niedrige Reibungsbeiwert kommt dadurch zustande, dass ausschließlich die Spanflächenkuppen die Schnittkraft aufnehmen. In diesem Bereich wirkt dagegen nur die um das Verhältnis h/KB verringerte Drangkraft. Der Span gleitet damit auf einem Polster mit Schmierfilmcharakter.

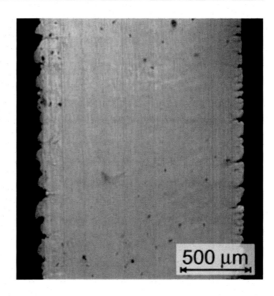

Formt man demnach Gl. 2.6 um und geht davon aus, dass die Summe aller Flächen pro mm Spanbreite, welche in Abb. 2.9 mit ΔAk gekennzeichnet wurden, die Fläche mit der Spanungsdicke h und der Breite 1 mm ergeben, so ergibt sich folgender Ausdruck:

$$\mu = \frac{F_d'}{F_c' * {}^{KB}/_h} = \frac{F_d'}{F_c' * {}^{KB}/_{\sum \Delta Ak}} \qquad (2.8)$$

Der Reibungsbeiwert lässt sich damit wie üblich über das Verhältnis von Normal- zu Scherkraft definieren, wenn dabei die unterschiedlichen Wirkflächen berücksichtigt werden. Die „Mikrotextur" der Spanfläche liefert dabei die Summe aller Kuppen-Flächen $\Sigma \Delta Ak$, welche die Größe der Spanungsdicke h annimmt.

2.3.5 Abgleich der inneren und äußeren Kräfte

Das Gleichgewicht der Kräfte lässt sich im Mohr'schen Spannungskreis wie in Abb. 2.11 wiedergegeben darstellen.

Der Winkel β ist der Reibungswinkel.

In Abb. 2.12 ist der Einfluss aller Parameter auf die Abmessungen des dimen-

$$BC = {F_c'}/_h - {(p*KB)}/_h \tag{2.10}$$

$$AC = \tau_{\max} = \frac{{F_d'}/_{KB}}{\sin 2\varrho} \tag{2.11}$$

Das rechtwinklige Dreieck ABC liefert die Beziehung:

$$\tan 2\rho = \frac{{F_d'}/_{KB}}{{F_c'}/_{h-p}} \tag{2.12}$$

Weiterhin besteht der Zusammenhang nach Gl. 2.6.

$$\mu = \frac{F_d/_{F_c}}{KB/_h} = \frac{\tan\rho}{KB/_h} \tag{2.13}$$

Außerdem verhalten sich im plastifizierten Bereich die maximale Scherspannung und der hydrostatische Druck analog zu den entsprechenden Moduln, nämlich Scher- G und Kompressionsmodul K.

$$\frac{\tau_{\max}}{p} = \frac{G}{K} = \frac{3*(1-2*\nu)}{2*\left(1-\nu^2\right)} = g \tag{2.14}$$

Die Abhängigkeit des Verhältnisses Scher- zu Kompressionsmodul entspricht dem Verhältnis für dünne Balken, wobei ν die Querkontraktionszahl des abzuscherenden Materials im Bereich der Schergeraden ist.

Für die Lösung zur Bestimmung des Gleichgewichtes im Bereich der Spanbildung für den Quotienten in Gl. 2.14 wird die Abkürzung g verwendet. Wie aus Abb. 2.11 zu entnehmen, erhält man folgende Ausgangsgleichung.

$$\tan 2\rho = \frac{{F_d'}/_{KB}}{{F_c'}/_h - p*{KB}/_h} \tag{2.15}$$

Setzt man alle Werte aus obigen Gleichungen ein, erhält man folgende Gleichung.

$$g = \frac{\frac{\sin\rho}{\cos\rho}}{\sin 2\rho - \mu * \cos 2\rho} \tag{2.16}$$

Der Ausdruck dieser Gleichung enthält die Parameter g und μ. Dabei ist der Wert für g alleine abhängig von der Größe der Querkontraktionszahl des abzuscherenden Materials im Bereich der Schergeraden.

Die Lösung von Gl. 2.16 ist im Folgenden auszugsweise dargestellt. Man erhält dabei eine Gleichung dritten Grades, wobei die Unbekannte y = sin² ρ ist. Die Gleichung lautet.

$$y^3 + A * y^2 + B * y + C = 0 \qquad (2.17)$$

Die Konstanten haben die Form

$$A = -\frac{2 * \mu^2 + b + 1}{1 + \mu^2}$$

$$B = \frac{5 * \mu^2 + b^2 + 2 * b + 1}{4 * (1 + \mu^2)}$$

$$C = -\frac{\mu^2}{4 * (1 + \mu^2)}$$

$$b = 1 - \frac{1}{g}$$

Die Lösung von Gl. 2.17 erfolgt mit Hilfe der reduzierten Form, wobei y = x – A/3 gesetzt wird. Damit erhält man

$$x^3 + m * x + n = 0 \qquad (2.18)$$

Die Konstanten lauten

$$m = B - \frac{1}{3} * A^2$$

$$n = C + \frac{2}{27} * A^3 - \frac{1}{3} * A * B$$

Die Diskriminante Δ hat die Form

$$\Delta = \left(\frac{n}{2}\right)^2 + \left(\frac{m}{3}\right)^3$$

Das Vorzeichen der Diskriminante entscheidet darüber, welcher Lösungstyp gegeben ist. Ist der Wert der Diskriminante ≤ 0, existieren 3 reelle Lösungen. Um die Lösung zu ermitteln, wird zunächst folgender Zwischenwert berechnet:

$$\cos 3\varphi = -\frac{n}{2 * \sqrt{\left(-\frac{m}{3}\right)^3}}$$

Die 3 Lösungen von Gl. 2.18 lauten.

$$x_1 = 2 * \sqrt{-\frac{m}{3}} * \cos(\varphi)$$

$$x_2 = 2 * \sqrt{-\frac{m}{3}} * \cos(\varphi + \frac{2}{3} * \pi)$$

$$x_3 = 2 * \sqrt{-\frac{m}{3}} * \cos(\varphi + \frac{4}{3} * \pi)$$

Die Lösung für y erhält man wie folgt:

$$y = x_{\max} - \frac{A}{3}$$

Damit ergibt sich die Lösung für den Winkel ρ.

$$\rho = \arcsin \sqrt{y} \tag{2.19}$$

Das Verhältnis Drang-/Schnittkraft F_d'/F_c' ist damit alleine abhängig von der Querkontraktionszahl ν im Bereich der Schergeraden und dem Reibungsbeiwert μ. Die dimensionslose Länge des Kontaktbereichs Spanunterseite/Spanfläche ergibt sich letztlich aus dem Verhältnis Drang-/Schnittkraft F_d'/F_c' und dem Reibungsbeiwert μ. Die ursächlichen Einflussgrößen, mit deren Hilfe die Form des dimensionslosen Bereichs der Spanbildung bei Vorliegen von Grenzreibung konstruiert werden kann, sind damit ν und μ.

Bei dieser Konstruktion ist generell zu beachten, dass der Punkt D in Abb. 2.12 rechts vom Punkt F liegt, damit der plastische Zustand des Spans beim Ausschieben wieder in den spannungsfreien Zustand überführt werden kann. Die Strecke BF in Abb. 2.12 hat die dimensionslose Länge

$$BF = \lambda * (\tan\left(^\pi/_4 - \rho\right) + \tan\rho) \tag{2.20}$$

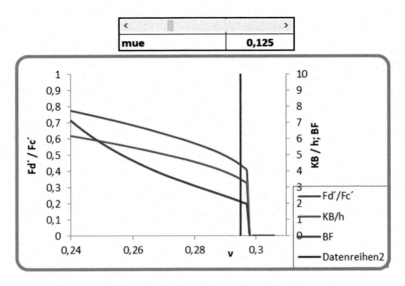

Abb. 2.13 Lösung der kubischen Gleichung

In Abb. 2.13 ist ein Beispiel für die Lösung der kubischen Gleichung aufgetragen.
Der Reibungsbeiwert wurde mit 0,125 angenommen. Aufgetragen wurden die
Werte für das Verhältnis Drang-/Schnittkraft sowie die Werte für die dimensi-
onslose Länge des Kontaktbereichs Spanunterseite/Spanfläche und die Länge der
Strecke BF.

Das Kräfteverhältnis ist proportional zur dimensionslosen Länge des Kontaktbereiches Spanunterseite/Spanfläche. Im Bereich kleiner Werte für die Querkontraktionszahl liefert die kubische Gleichung Werte für die Strecke BF, welche
größer sind als die der dimensionslosen Länge des Kontaktbereichs Spanunter-
seite/Spanfläche. Damit kann sich in diesem Fall keine Grenzreibung ausbilden.
Andererseits liefert die kubische Gleichung für große Werte der Querkontraktionszahl einen positiven Wert für die Diskriminante. Damit existiert in diesem Fall
zwar eine reelle Lösung statt der drei reellen bei negativem Wert der Diskriminante, jedoch liefert diese für sinρ einen Wert größer 1. Das bedeutet, dass auch
in diesem Fall unter den gegebenen Annahmen keine Grenzreibung auftritt.

Lediglich in dem Bereich, in dem die gelbe Kurve merklich unterhalb der
grünen liegt, sind die Bedingungen für die Ausbildung von Grenzreibung erfüllt.
Das Lösungsergebnis für die kubische Gleichung hängt vom Wert der Querkontraktionszahl ab, die sich im Bereich der Schergeraden einstellt. Dieser

Wert ist material- und temperaturabhängig. In Abb. 2.14 sind hierfür Beispiele dokumentiert.

In Abb. 2.13 ist als Beispiel für eine Lösung die rote Gerade bei einem Wert für die Querkontraktionszahl 0,295 eingetragen. Aus der Darstellung in Abb. 2.14 ist zu entnehmen, dass z. B. niedrig legierte Stähle bei etwa 350°C diesen Wert der Querkontraktionszahl aufweisen. In dem gewählten Beispiel würde sich somit ein Verhältnis von Drang-/Schnittkraft von 0,44 ergeben. Voraussetzung dazu wäre allerdings, dass der Temperaturausgleich zwischen dem Scherbereich und dem Kontaktbereich Spanunterseite/Spanfläche entsprechend erfolgt. Mitentscheidend für die Größe des Verhältnisses Drang-/Schnittkraft ist damit die

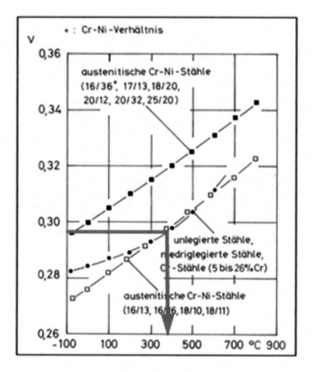

Abb. 2.14 Querkontraktionszahlen ausgewählter Stähle. (Aus (Richter 2011); mit freundlicher Genehmigung von © TU Graz 2011. All Rights Reserved)

Temperatur im Kontaktbereich Spanunterseite/Spanfläche. Diese hängt entscheidend von der Wahl der Schnittdaten ab, welche für eine Bearbeitungsaufgabe vorgegeben werden.

Die Querkontraktionszahl ist auch die ursächliche Größe für die Art, in der sich der Span bildet. Man unterscheidet zwischen Scher-, Fließ- und Lamellenspan.

2.3.7 Spanarten

Für spröde Werkstoffe liegt der Wert der Querkontraktionszahl etwa unter 0,25. In diesem Bereich würde eine Länge der Strecke BF für den Aufbau des plastischen Bereiches benötigt, welche die Länge des dimensionslosen Kontaktbereichs Spanunterseite/Spanfläche übersteigt. Bevor sich beim Ausschieben des Spans die Bedingung für die Ausbildung von Grenzreibung einstellen kann, übersteigt die Scherspannung im Bereich der Schergeraden den maximal zulässigen Wert. Der Span schert dadurch ab. Da das Abscheren im Bereich der Spanwurzel erfolgt, muss beim Ausschieben des Spans immer wieder ein neuer Kontaktbereich Spanunterseite/Spanfläche aufgebaut werden, bevor die nächste Abscherung erfolgen kann. Dadurch bildet das auszuschiebende Material periodisch Lamellen aus, welche untereinander ohne Bindung sind. Es entsteht ein **Scherspan.**

Ein **Fließspan** entsteht dann, wenn die Querkontraktionszahl in dem Bereich liegt, in dem die Strecke BF kürzer ist als die Länge des Kontaktbereiches Spanunterseite/Spanfläche. In Abb. 2.13 ist dieser Bereich an der rechten Flanke begrenzt durch einen Wert der Querkontraktionszahl, der etwa bei 0,3 liegt. Stähle, deren Querkontraktionszahl größer ist, zählen zu den sogenannten schwer spanbaren Stählen. Diese weisen eine zu große Duktilität auf, um während der Umformung des abzuscherenden Materials zum Span den erforderlichen hydrostatischen Druck aufzubauen. Bildlich gesprochen bedeutet dies, dass der Span „auf der Spanfläche ausrutscht".

Für den Großteil der Stähle liegen die Werte der Kontraktionszahlen zwischen 0,25 und 0,3. Damit ist für die Bearbeitung der meisten Stähle die Bedingung für die Bildung von Grenzreibung gegeben.

2.3.8 Besonderheiten der Spanbildung

Bei der Bearbeitung von Stählen, deren Querkontraktionszahl größer ist als 0,25, können bei der Spanbildung noch folgende Abwandlungen auftreten.

Eine Besonderheit der Fließspanbildung tritt bei der Bearbeitung von Stählen auf, deren spezifische Wärme in Abhängigkeit von der Temperatur unstetig verläuft. In Abb. 2.15 ist diese Abhängigkeit für ausgewählte Stähle dokumentiert. Die Darstellung zeigt, dass z. B. Cr-Stähle mit sehr hohem Chromanteil diesen Verlauf aufweisen. Bei der Bearbeitung dieser Stähle mit großen Werten des bezogenen Zeitspanvolumens erfolgt der Abgleich der Temperatur im Bereich der Schergeraden mit der des Kontaktbereichs Spanunterseite/Spanfläche im Bereich der Unstetigkeit. Daher kann sich kein stabiler Zustand ausbilden. Die Lösung der kubischen Gleichung wechselt periodisch. Dadurch kommt es zu periodischen Schüben beim Ausschieben des Spans. Es entsteht ein **Lamellenspan.**

Schwer spanbare Stähle weisen Werte für die Querkontraktionszahl auf, welche über 0,3 liegen. Damit ist bei diesen Stählen eine hohe Duktilität vorhanden. Bevor der für die Bildung von Eigenschmierstoff erforderliche hydrostatische

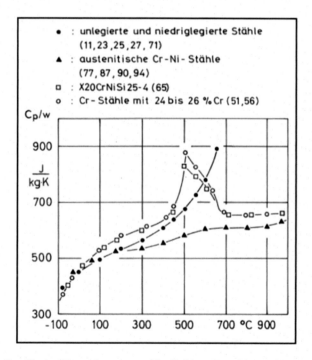

Abb. 2.15 Spezifische Wärme für ausgewählte Stähle. (Aus (Richter 2011); mit freundlicher Genehmigung von © TU Graz 2011. All Rights Reserved)

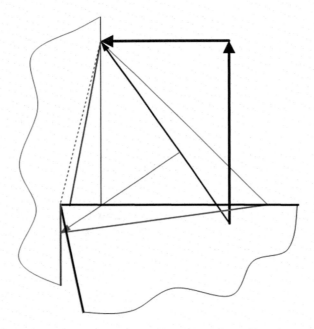

Abb. 2.16 Spanbildung bei hohem Wert der Querkontraktionszahl

Druck erreicht werden kann, wird der Span ausgeschoben. In diesem Fall sind die Bedingungen für die Bildung von Eigenschmierstoff somit für die beim obigen Ansatz der kubischen Gleichung gewählten Parameter nicht gegeben. Der Reibungsbeiwert liegt über dem Wert für die Grenzreibung.

In diesem Fall mündet die Schergerade nicht mehr an der Spanwurzel. Im Bereich der Spanwurzel trifft dadurch noch nicht umgeformtes Material auf die Spanfläche. Siehe Abb. 2.16.

2.3.9 Verschleiß

Den Input für die Spanbildung liefert das thermische Geschwindigkeitsverhältnis. Diese dimensionslose Kennzahl, Gl. 2.3, setzt sich zusammen aus den Schnittdaten und der Temperaturleitzahl. An Schnittdaten werden benötigt die Schnittgeschwindigkeit und die Abmessungen der Spanungsfläche. Das thermische Geschwindigkeitsverhältnis ist ein maßgeblicher Faktor für die Bestimmung des Schneidenverschleißes, da seine Größe die thermische Belastung der Schneide liefert. Dem steht die Schneidhaltigkeit der Schneide gegenüber. Das Zusammenwirken beider Faktoren bestimmt den Verschleiß und damit die Wirtschaftlichkeit eines Bearbeitungsvorganges.

Basis für die Untersuchung dieses Zusammenhangs bildet im Folgenden die Auswertung der Auflistung von Schnittdaten, welche die Fa. WIDIA für ihre Wendeschneidplatten aus Standzeitversuchen ermittelt und zur Empfehlung veröffentlicht hat. Diese Veröffentlichung enthält folgende Angaben: Für eine Standzeit von 15 min sind tabellarisch Werte für eine Schnittgeschwindigkeit jeweils in Abhängigkeit von Spanungsdicke und Spanungsbreite aufgelistet. Die Angaben sind getrennt für mehrere Wendeschneidplatten aufgeführt und zusätzlich nach Spanbarkeitsklassen separiert. Die Angaben enthalten somit Werte für das gesamte Spektrum der Stähle.

Aus diesen Daten wurde das thermische Geschwindigkeitsverhältnis für verschiedene Wendeschneidplatten und alle relevanten Spanbarkeitsgruppen berechnet und die Ergebnisse über der Spanungsdicke aufgetragen.

In Abb 2.17 ist eine solche Auftragung für eine der messtechnisch untersuchten Platten wiedergegeben. Für alle untersuchten Werkzeuge ergaben sich gleichartige Kurven. Ihr Verlauf lässt sich durch folgende Gleichung nachbilden.

$$q_{therm15} = C_{15} * h^n \qquad\qquad (2.21)$$

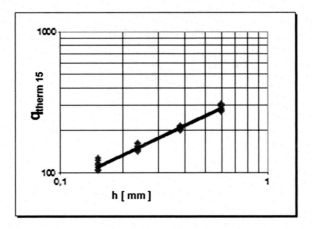

Abb. 2.17 Standzeitkurve für 15 min

Der Wert für C_{15} ist für die Bearbeitung aller Stähle bei einer Platte gleich groß. Verschiedene Platten weisen für C_{15} unterschiedliche Werte auf. Der Wert für n beträgt für alle untersuchten Wendeschneidplatten sowie alle Spanbarkeitsklassen etwa 2/3.

Zusätzlich wurden die Zusammenhänge für unterschiedliche Standzeiten T ermittelt. Dabei hat sich gezeigt, dass sich Gl. 2.21 allgemein schreiben lässt, wobei m für dieselbe Schneide konstant ist.

$$q_{therm} = C_{15} * \left(\frac{15}{T} \right)^m * h^n \approx C_{bez} * \left(\frac{T_{bez}}{T} \right)^m * h^{2/3} \tag{2.22}$$

Die Standzeit von 15 min wird im Folgenden allgemein als bezogene Standzeit T_{bez} geführt, auf die sich die bezogene Schneidhaltigkeit C_{bez} bezieht. Der Quotient T_{bez}/T wird im Folgenden als tribologisches Geschwindigkeitsverhältnis bezeichnet. Dieses Verhältnis ist für dieselben Einsatzbedingungen einer Schneide umgekehrt proportional zum Standzeitverhältnis.

$$q_{therm} = C_{bez} * h^{2/3} * \left(\frac{T_{bez}}{T} \right)^m = C_{bez} * h^{2/3} * q_{trib}{}^m \tag{2.23}$$

Ersetzt man in Gl. 2.1 die Péclet-Zahl durch das thermische Geschwindigkeitsverhältnis, so lässt sich Gl. 2.23 wie folgt abwandeln.

$$q_{trib} = \left(\frac{\frac{\sqrt{q_{therm}}}{h^{1/3}}}{\sqrt{C_{bez}}} \right)^{2/m} \propto \left(\frac{\frac{T_k}{h^{1/3}}}{\sqrt{C_{bez}}} \right)^{2/m} \tag{2.24}$$

Das Verhältnis der Verschleißgeschwindigkeit bleibt bei Veränderung der Spanungsdicke dann konstant, wenn sich die Veränderung der Temperatur im Bereich der Kuppenspitzen der Spanfläche gleich verhält wie die dritte Wurzel der Veränderung der Spanungsdicke. Dies ist der Fall, wenn das Verhältnis $\Delta Ra/Ra$ konstant bleibt.

Die Größe des Exponenten m liegt nach experimentellem Befund bei Werkzeugen, deren Schneidstoff Hartmetallbasis aufweist, im Bereich von 0,5. Für den Exponenten in Gl. 2.1 erhält man damit einen Wert von etwa 4. Die Gleichung für die Verschleißgeschwindigkeit lässt wegen der Ähnlichkeit mit der Stefan-Boltzmann-Gleichung darauf schließen, dass im Wesentlichen die Intensität der Wärmestrahlung den Verschleiß bei der Grenzreibung bewirkt.

Interessant dabei ist, dass die „Mikrotextur" der Spanfläche eine bedeutende Rolle für den Aufbau der Grenzreibung spielt, wobei in der Ableitung dieses

Einflusses keine spezielle Textur aufscheint sondern lediglich eine stochastische Verteilung angenommen wurde.

2.3.10 Einfluss des Spanwinkels

Für praktische Belange ist es insbesondere von Bedeutung, welchen Einfluss der Spanwinkel auf das Lösungsverhalten der kubischen Gleichung betreffend große Werte der Querkontraktionszahl ausübt. Das Ergebnis der Berechnungen hierzu ist in Abb. 2.18 dargestellt.

Der Grenzwert der Querkontraktionszahl, für welche die kubische Gleichung noch eine Lösung liefert, hängt ab von der Größe des Reibungsbeiwertes für die Grenzreibung. Die Lösung der Gleichung wurde dabei für die beiden Reibungsbeiwerte von 0,11 und 0,15 ermittelt. Damit ergibt sich zwischen der blauen und der roten Kurve ein Korridor für das Untersuchungsergebnis.

Die Ergebnisse der berechneten Werte werden mit Werten für ausgewählte Stähle verglichen. Dabei ist zu ersehen, dass die Wahl eines geringen positiven Spanwinkels ausreicht, um den Wert für die Querkontraktionszahlweiter zu erhöhen, ab der die kubische Gleichung keine Lösung mehr liefert, und dadurch das „Ausrutschen des Spans" zu verhindern.

Damit wird der extremen Belastung der Spitze der Schneide durch noch nicht umgeformtes, abzuspanendes Material entgegengewirkt.

2.3.11 Abgrenzung des Bereichs

Die prinzipielle Voraussetzung für die volle Nutzung der Vorteile der Grenzreibung liegt in der Vorgabe eines Wertes für das thermische Geschwindigkeitsverhältnis, der über dem unteren Grenzwert $q_{therm\,gr}$ liegt. Die volle Nutzung der Vorteile bezieht sich darauf, dass sich auf der gesamten Länge des Kontaktbereiches Spanunterseite/Spanfläche Grenzreibung ausgebildet hat. Erst dann sind die günstigen Reibungsbedingungen voll nutzbar. Dies zeigen die Ergebnisse von Verschleißmessungen, welche in Abb. 2.19 wiedergegeben sind.

Die Maxima liegen im Bereich des Übergangs der Bildung von Aufbauschneiden zum Bereich mit Grenzreibung. Die Steigerung der Schnittgeschwindigkeit entspricht einer Erhöhung des thermischen Geschwindigkeitsverhältnisses. Mit dieser Zunahme nimmt der Verschleiß ab. Die Grenzreibung breitet sich im Kontaktbereich Spanunterseite/Spanfläche aus. Steigert man die Schnittgeschwindigkeit soweit, dass das Verschleißminimum erreicht wird, hat die Grenzreibung

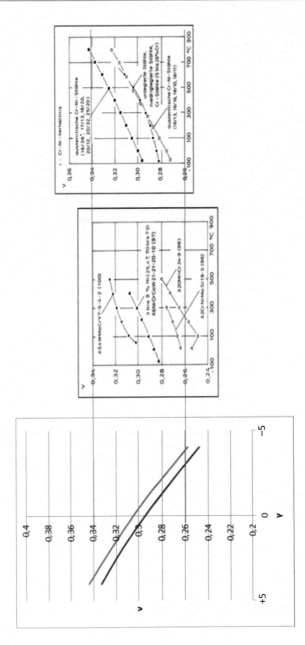

Abb. 2.18 Einfluss des Spanwinkels auf die reelle Lösung der kubischen Gleichung. (Aus (Richter 2011); mit freundlicher Genehmigung von © TU Graz 2011.)

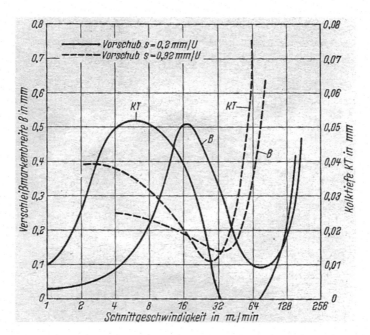

Abb. 2.19 Ergebnisse von Verschleißmessungen „Mit freundlicher Genehmigung von (Vieregge 1970). Alle Rechte vorbehalten"

den gesamten Kontaktbereich Spanunterseite/Spanfläche erfasst. Bei weiterer Steigerung gelangt man in den Bereich, in dem die Taylor-Gerade gilt. In der dimensionslosen Betrachtungsweise kann dieser Punkt durch den Grenzwert $q_{\text{therm gr}}$ festgelegt werden. Für die problemlose praktische Nutzung der Grundlagen ist es dabei von Bedeutung, dass dieser Grenzwert für die Bearbeitung aller Stähle konstant ist.

Für die Bearbeitung aller Stähle mit Fließspanbildung kann $q_{\text{therm gr}}$ mit 40 vorgegeben werden.

$$q_{thermgr} = 40 < \frac{v_c * h}{A_T} * \left(\frac{b}{h}\right)^{0,11} = C_{bez} * h^{2/3} * q_{trib}{}^{m} \qquad (2.25)$$

Aus dem Ausdruck nach Gl. 2.25 lässt sich ein Zusammenhang extrahieren, nach dem der Verschleiß für die Bearbeitung von Stahl mit einer Spanbildung oberhalb dieses Grenzwertes berechnet werden kann. Der Aufbau dieser Gleichung ist vergleichbar mit dem Aufbau der Taylor-Gleichung

$$v_c = A_T * C_{bez} * h^{-0,22} * b^{-0,11} * q_{trib}{}^m = v_{c1.1} * h^{-0,22} * b^{-0,11} * q_{trib}{}^m$$

$$(2.26)$$

Im Gegensatz zur Taylor-Geraden sind statt der Werte für den Vorschub/Zahn f_z und der Schnitttiefe a_p die Abmessungen der Spanungsfläche h und b als Parameter verwendet. Dieser Unterschied ergibt sich durch die Ausrichtung der Ableitungen auf die orthogonale Ebene. Das bedeutet, dass damit in Gl. 2.26 auch der Einfluss des Einstellwinkels κ sowie der des Eckradius r der Schneide erfasst ist. Das Produkt $A_T * C_{bez}$ ist dabei eine fiktive, werkstoffbezogene Schnittgeschwindigkeit $v_{c\,1.1}$. Diese Schnittgeschwindigkeit liefert bei Einsatz eines Werkzeuges zur Bearbeitung eines Werkstoffs mit h = 1 mm und b = 1 mm die bezogene Standzeit T_{bez}. In diesem Fall wäre damit q_{trib} = 1. Das Produkt ist eine wirkpaarbezogene Konstante.

2.4 Wirkpaar

Die Mikrostruktur der Spanfläche übt einen nicht zu vernachlässigenden Einfluss auf den Vorgang der Spanbildung aus. Dieser Einfluss ist komplexer Natur und damit analytisch nur aufwendig erfassbar. Daher bietet es sich an, die für die praktische Nutzung erforderlichen Zusammenhänge jeweils auf ein vorgegebenes Werkzeug zu beziehen. Damit können diese Einflussgrößen als konstant behandelt werden.

Eine solche Kombination wird als Wirkpaar bezeichnet. Die Nutzung der Grundlagen für ein Wirkpaar ist aus dem Grunde von besonderer praktischer Bedeutung, weil in der Serienfertigung nahezu ausschließlich Wirkpaare für die Bearbeitung von Werkstücken eingesetzt werden. Dabei ist es wichtig, dass das sogenannte Standvermögen eines jeden Wirkpaares voll ausgeschöpft wird. Ist dies nicht der Fall, fallen laufend vermeidbare Kosten an.

Die Ausschöpfung des Standvermögens eines Wirkpaares hängt von der Vorgabe der kinematischen Maschineneinstelldaten (Schnitt- und Vorschubgeschwindigkeit) ab. Um Gl. 2.25 nutzen zu können, muss daher zunächst die Abhängigkeit der Abmessungen der Spanungsfläche von diesen Einstelldaten ermittelt werden. Dies erfolgt über die Kinematik des Eingriffs der Schneide in das Werkstück.

2.4.1 Kinematik

In der orthogonalen Ebene lässt sich die Spanbildung in erster Näherung verfahrensunabhängig darstellen. Das abzuspanende Material wird einer Werkzeugschneide in dieser Ebene mit der Eindringgeschwindigkeit v_d zugeführt. Die Drangkraft wirkt entgegen der Richtung der Ausschubbewegung des Spans. Damit entspricht die Richtung der Eindringgeschwindigkeit der Richtung der Drangkraft.

In der Abb 2.20 ist der Eingriff der Schneide eines Fräsers dargestellt. Die Abstände der Schneiden auf dem Flugkreis sollen A betragen. Die Zeit t_A, welche bis zum Eintreffen der nächsten Schneide an der gleichen Stelle des Werkstücks vergeht, beträgt:

$$t_A = \frac{A}{v_c} \qquad (2.27)$$

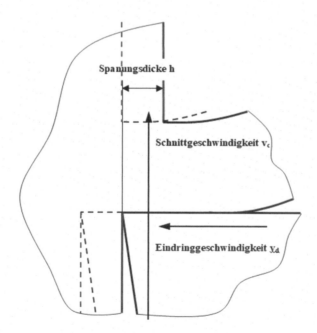

Abb. 2.20 Skizze zur Ermittlung der Eindringgeschwindigkeit

Damit ergibt sich die Gleichung zur Berechnung der Spanungsdicke h.

$$h = v_d * t_A = v_d * \frac{A}{v_c} = \frac{v_d}{v_f} * \frac{v_f}{v_c} * A = \frac{v_d}{v_f} * \frac{A}{q_{kin}} \qquad (2.28)$$

Der Quotient Eindring- zu Vorschubgeschwindigkeit ist verfahrensabhängig. Die Eingriffsbedingungen unterscheiden sich prinzipiell bei stehendem und angetriebenem Werkzeug.

Beim stehenden Werkzeug führt das Werkstück und beim angetriebenen das Werkzeug die Schnittgeschwindigkeit v_c aus. Die Vorschubgeschwindigkeit v_f ergibt sich in beiden Fällen aus der Relativgeschwindigkeit zwischen Werkzeug und Werkstück.

Die Spanungsebene ist die Ebene, in welcher die Spanungsfläche liegt. In dieser Ebene liegen damit die Vektoren der Vorschub-, der Aktiv- und der Drangkraft. Die Lage dieser Ebene wird bestimmt durch die Richtung der Schnittgeschwindigkeit. In Abb. 2.21 ist die Spanungsebene für stehende und für angetriebene Werkzeuge dargestellt (blau angelegte Fläche).

Der obere Teil der Darstellung bezieht sich auf das Drehen und schließt für das Drehen das zentrische Bohren mit stehendem Werkzeug ein. Im unteren Teil der Darstellung sind die Verhältnisse für das angetriebene Werkzeug (Beispiel Walzenfräser) skizziert.

Die Spanungsebene verläuft zum einen normal zur Schnittgeschwindigkeit und zum anderen beim stehenden Werkzeug durch die Drehachse des Werkstücks und beim angetriebenen durch die Drehachse des Werkzeugs.

Zur Größe der Spanungsdicke beitragen kann nur die Komponente der Relativbewegung zwischen Werkstück und Schneide, welche in der Spanungsebene liegt. Dabei handelt es sich um die Zuführgeschwindigkeit v_{zuf}.

$$v_{zuf} = v_f * \sin\alpha \qquad (2.29)$$

Beim stehenden Werkzeug beträgt der Wert für $\alpha = 90°$. Beim angetriebenen Werkzeug verändert sich der Wert des Winkels α entlang der Eingriffslinie der Schneide.

Die Eindringgeschwindigkeit v_d ist die Komponente der Zuführgeschwindigkeit v_{zuf}, welche in der Spanungsebene in Richtung der Drangkraft liegt. In Abb. 2.22 sind die geometrischen Verhältnisse des Werkzeugeingriffs in der Spanungsebene für eine typische Kontur einer Wendeschneidplatte dargestellt.

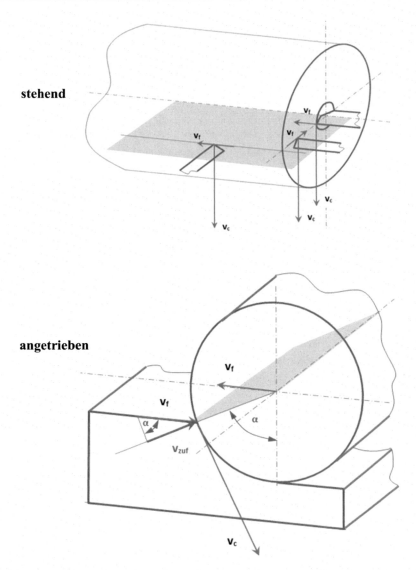

Abb. 2.21 Skizze zur Lage der Spanungsfläche, stehendes und angetriebenes Werkzeug

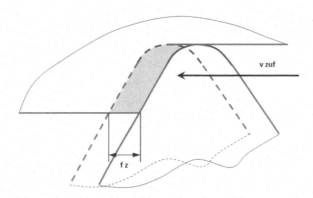

Abb. 2.22 Skizze zur Spanungsfläche

Die Spanungsfläche ist blau angelegt. Entlang der Schneidenkontur verändert sich die Spanungsdicke. Der Vorschub des abzuspanenden Materials in der Spanungsebene zwischen zwei aufeinanderfolgenden Schneideneingriffen beträgt f_z (Abb. 2.23).

Die Eindringgeschwindigkeit v_d ergibt sich damit aus der Richtung der Zuführgeschwindigkeit v_f und der Richtung der Normalen zu der Richtung, in welcher der Span ausgeschoben wird.

$$v_d = v_{zuf} * \sin\kappa'$$ (2.30)

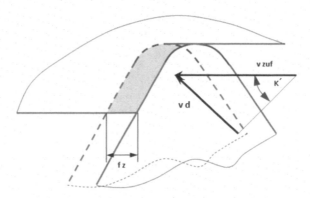

Abb. 2.23 Skizze zur Richtung der Einführgeschwindigkeit

Das Verhältnis v_d/v_f erhält man durch Einsetzen von Gl. 2.29 in Gl. 2.30.

$$\frac{v_d}{v_f} = \sin\alpha * \sin\kappa'$$
(2.31)

Die Wahl der Maschineneinstelldaten basiert auf der Vorgabe eines Wertes für die Spanungsdicke. Unter Berücksichtigung der geometrischen Eingriffsbedingungen des Werkzeugs in das Werkstück erhält man einen allgemeinen Ausdruck für die Spanungsdicke durch Einsetzen von Gl. 2.31 in Gl. 2.28.

$$h = \frac{A}{q_{kin}} * \sin\alpha * \sin\kappa'$$
(2.32)

Beim stehenden Werkzeug ist der Wert für den Winkel $\alpha = 90°$. Der $\sin\alpha$ wird damit gleich 1. Der Einfluss von α verschwindet somit bei dieser Art des Werkzeugs. Beim angetriebenen Werkzeug hängt die Größe des Winkels α ab von der seitlichen Zustellung a_e (siehe Abb. 2.21). Für die Schneidenbelastung ist in diesem Fall der maximale Wert der Spanungsdicke maßgebend. In diesem Fall nimmt $\sin\alpha$ folgenden Wert an:

$$\sin\alpha = 2 * \sqrt{\min\left(0{,}5; \frac{a_e}{D_w}\right) - \left[\min\left(0{,}5; \frac{a_e}{D_w}\right)\right]^2}$$
(2.33)

VHM-Werkzeuge sind meist mit gedrallten Schneiden versehen. Der Drallwinkel hat die Größe ϕ. Wird mit geringer seitlicher Zustellung gearbeitet, so ist es möglich, dass die Spanungsbreite b kleiner ist als die Schnitttiefe a_p. Der allgemeine Ausdruck für die Spanungsbreite lautet damit.

$$b = \frac{B}{\sin\kappa' * \cos\phi}$$
(2.34)

Der Ausdruck für B berechnet sich wie folgt:

$$B = wenn\left[\varphi = 0; a_p; \min\left\{\left(a_p; \frac{D_F/2 * \arccos\left(1 - 2 * {}^{a_e}/_{D_F}\right)}{\tan\varphi}\right)\right\}\right]$$
(2.35)

Damit lässt sich das kinematische Geschwindigkeitsverhältnis allgemein darstellen.

Die Formel für die Berechnung dieses Verhältnisses erhält man durch Umstellung von Gl. 2.32.

$$q_{kin} = \frac{A}{h} * \sin\alpha * \sin\kappa'$$ (2.36)

Die Vorschubgeschwindigkeit v_f berechnet sich aus dem Quotienten

$$v_f = \frac{v_c}{q_{kin}}$$ (2.37)

Durch Einsetzen von Gl. 2.36 ergibt sich

$$v_f = \frac{v_c * h}{A * \sin\alpha * \sin\kappa'}$$ (2.38)

2.4.2 Grundlagen für die Werkzeugnutzung

Beim Einsatz von Werkzeugen geht es entweder darum, eine Bearbeitung möglichst schnell oder möglichst kostengünstig durchzuführen. In beiden Fällen sollte dabei die Leistungsfähigkeit des Werkzeugs voll genutzt werden. Im Folgenden werden hierzu die mit Hilfe der Ähnlichkeitsmechanik abgeleiteten Zusammenhänge benutzt, um die Leistungsfähigkeit des in einem Wirkpaar eingesetzten Werkzeugs quantitativ zu bewerten. Darüber hinaus werden die Bedingungen für seine optimale Nutzung analytisch beschrieben.

In beiden Fällen ist dabei die Frage zu beantworten: Mit welchem Zeitspanvolumen Q_w kann man welches Standvolumen Q_s erzielen? Diese Frage wird durch die Definition des Standvermögens und die Ableitung der Modellgesetze für ein Wirkpaar beantwortet.

Für die Leistungsfähigkeit eines Wirkpaares wurde in der **DIN 6583** der Begriff des Standvermögens eingeführt. Hiernach ist das **Standvermögen eines Wirkpaares die Fähigkeit, einen bestimmten Zerspanvorgang durchzustehen.** Um diese Definition für die Praxis nutzbar zu machen, ist eine analytische Beschreibung erforderlich.

Das Zeitspanvolumen Q_w ergibt sich aus der Abtragsfläche $a_e * a_p$ und der Vorschubgeschwindigkeit v_f. Unter Benutzung von Gl. 2.38 erhält man

$$Q_w = a_e * a_p * v_f = a_e * a_p * \frac{v_c * h}{A * \sin\alpha * \sin\kappa'}$$ (2.39)

Setzt man den Ausdruck für das bezogene Zeitspanvolumen $v_c* h$ nach Gl. 2.25 in Gl. 2.39 ein und benutzt den Ausdruck nach Gl. 2.36, ergibt sich

$$Q_w = \frac{h^{0,78} * a_e * a_p}{A * \sin\alpha * \sin\kappa' * b^{0,11}} * A_T * C_{bez} * q_{trib}{}^m \qquad (2.40)$$

Der Ausdruck nach Gl. 2.40 ist bezüglich der beteiligten Einflussgrößen aufgespaltet. Dabei wurden die Parameter, welche die geometrischen Eingriffsverhältnisse des Werkzeugs in das Werkstück beschreiben, separiert. Der separierte Anteil wird im Folgenden als Eingriffsvermögen V_e bezeichnet.

$$V_e = \frac{h^{0,78} * a_e * a_p}{A * \sin\alpha * \sin\kappa' * b^{0,11}} \qquad (2.41)$$

Bei einem Wirkpaar in der Serienfertigung sind sowohl Werkzeug als auch Werkstück festgelegt. Ferner ist der Werkzeugeingriff und die Schnittaufteilung definiert. Damit können folgende Parameter in Gl. 2.41 bezüglich ihres Einflusses auf die Größe des Eingriffsvermögens als vorgegebene, konstante Größen behandelt werden: a_e, a_p, A, $\sin\alpha$, $\sin\kappa'$. Als variable Größe verbleibt damit die Spanungsdicke.

Maximales Eingriffsvermögen ist in diesem Fall gleichzusetzen mit maximaler Spanungsdicke. Die Schneide wird sowohl mechanisch als auch thermisch belastet. Somit kommt es darauf an, die beiden Belastungen im Hinblick auf die obere Belastbarkeitsgrenze hin zu beurteilen. Die thermische steigt mit Zunahme der Spanungsdicke, wie aus Gl. 2.24 zu ersehen im Gegensatz zur mechanischen Belastung nur unterproportional. Die mechanische ist bei Steigerung der Spanungsdicke dann erreicht, wenn die Gefahr von Kantenbruch oder -ausbruch besteht. Damit bildet die mechanische Belastbarkeit die Grenze für die volle Nutzung des Eingriffsvermögens. Bei einem Wirkpaar hängt die Spanungsdicke ausschließlich von dem Wert des kinematischen Geschwindigkeitsverhältnisses nach Gleichung 2.36 ab.

Für die Ausschöpfung des Eingriffsvermögens eines Wirkpaares kommt es somit alleine darauf an, welcher Wert für dieses Verhältnis vorgegeben wird.

Das Produkt $A_T * C_{bez}$ ist die wirkpaarbezogene Schnittgeschwindigkeit $v_{c\,1.1}$, welche konstant ist.

Das maximal erreichbare Zeitspanvolumen $Q_{w\,max}$ ergibt sich somit nach folgender Gleichung:

$$Q_{w\max} = V_{e\max} * v_{c1.1} * q_{trib}{}^m \qquad (2.42)$$

Formt man Gl. 2.26 um, so erhält man folgenden Zusammenhang:

$$q_{trib}{}^m = \frac{v_c}{v_{c1.1}} * h_{max}{}^{0,22} * b^{0,11} \tag{2.43}$$

Setzt man Gl. 2.43 in Gl. 2.42 ein, so ergibt sich

$$Q_{wmax} = V_{emax} * v_c * h_{max}{}^{0,22} * b^{0,11} \tag{2.44}$$

Auch die Ausschöpfung des Standvermögens eines Wirkpaares hängt damit bei gleichen geometrischen Eingriffsverhältnissen alleine von der Wahl des kinematischen Geschwindigkeitsverhältnisses ab. Ob dabei schnell oder kostengünstig zerspant wird, entscheidet die Vorgabe der Schnittgeschwindigkeit v_c. Somit bestimmen die kinematischen Maschineneinstelldaten das Standvermögen eines Wirkpaares.

Ob schnell oder kostengünstig zerspant wird, hängt von der Größe des tribologischen Geschwindigkeitsverhältnisses ab. Diese Frage beantworten die Modellgesetze für ein Wirkpaar.

Die Standzeit T ist der Quotient gebildet aus dem Standvolumen Q_s und dem Zeitspanvolumen Q_w. Das Standvolumen erhält man damit wie folgt:

$$Q_s = Q_w * T \tag{2.45}$$

In der Serienfertigung wird statt des Standvolumens die Standmenge n_s verwendet. Dies ist die Anzahl der Werkstücke, welche innerhalb eines Werkzeugwechselzyklus IO bearbeitet werden können. Bei der Bearbeitung eines Werkstücks wird jeweils das Teilvolumen ΔQ vom Wirkpaar abgetragen. Gl. 2.45 erhält damit die Form.

$$n_s * \Delta Q = Q_w * T \tag{2.46}$$

Setzt man für T den Quotienten T_{bez}/q_{trib} ein und benutzt zudem Gl. 2.42, so ergibt sich

$$n_s * \Delta Q = V_e * v_{c1.1} * q_{trib}{}^m * \frac{T_{bez}}{q_{trib}} = V_e * v_{c1.1} * q_{trib}{}^{m-1} * T_{bez} \tag{2.47}$$

Die Standmenge erhält man damit zu

$$n_s = \frac{v_{c1.1}}{\Delta Q} * T_{bez} * V_e * q_{trib}{}^{m-1} \qquad (2.48)$$

Für das Zeitspanvolumen erhält man mit Gl. 2.42 folgende Abhängigkeit vom tribologischen Geschwindigkeitsverhältnis

$$Q_w = v_{c1.1} * V_e * q_{trib}{}^m \qquad (2.49)$$

Für gleiche Standzeit wird der Wert für das tribologische Geschwindigkeitsverhältnis 1.

Damit lassen sich die Standmenge und das Zeitspanvolumen in einem Diagramm in Abhängigkeit vom tribologischen Geschwindigkeitsverhältnis darstellen. In Abschn. 2.3.9 wurde bereits erwähnt, dass die Größe des Exponenten m nach experimentellem Befund bei Werkzeugen, deren Schneidstoff auf Hartmetall basiert, im Bereich von 0,5 liegt.

An einem beliebigen Wirkpaar, welches in der Serienfertigung eingesetzt werden soll, werden die Darstellung der Modellgesetze und ihre Verwendung zur Ausschöpfung seines Standvermögens erläutert.

Modellgesetze basieren auf Verhältnisgrößen und nicht auf absoluten Größen. Die Ausdrücke nach Gl. 2.48 und 2.49 liefern damit folgende Zusammenhänge:

$$\frac{Q_{w\,vorh}}{Q_{w\,max}} = \left(\frac{h_{vor\,h}}{h_{max}}\right)^{0,78} * q_{trib}{}^{-m} = \left(\frac{q_{kin\,max}}{q_{kin\,vorh}}\right)^{0,78} * q_{trib}{}^{-m} \qquad (2.50)$$

$$\frac{n_{s\,vorh}}{n_{s\,max}} = \left(\frac{h_{vorh}}{h_{max}}\right)^{0,78} * q_{trib}{}^{-(m-1)} = \left(\frac{q_{kin\,max}}{q_{kin\,vorh}}\right)^{0,78} * q_{trib}{}^{-(m-1)} \qquad (2.51)$$

Aus diesen Zusammenhängen lässt sich ersehen, dass sich die Ausschöpfung des Standvermögens eines Wirkpaares ausschließlich auf die „richtige Vorgabe" des Wertes für das kinematische Geschwindigkeitsverhältnis bezieht. Ob dabei schneller oder werkzeugschonender zerspant wird, entscheidet die Größe des tribologischen Geschwindigkeitsverhältnisses.

In Abb. 2.24 sind Gl. 2.50 und 2.51 grafisch dargestellt.

Bezüglich der Darstellung der Modellgesetze wird dabei zunächst davon ausgegangen, dass das Eingriffsvermögen des Werkzeugs in das Werkstück ausgeschöpft ist. Damit ist $h_{vorh}/h_{max} = 1$. Dieses Wirkpaar liefert im Probebetrieb mit dem Zeitspanvolumen $Q_{w\,vorh}$ die Standmenge $n_{s\,vorh}$. Das Verhältnis $Q_{w\,vorh}/Q_{w\,max}$ sowie das Verhältnis $n_{s\,vorh}/n_{s\,max}$ betragt damit ebenfalls 1. Somit ist auch $q_{trib} = 1$. Für das Zeitspanvolumen ist die grün gestrichelte

‹	▮	›			Q w	n s
h vorh	0,3			vorh	226	80
h max	0,3			neu	226	80

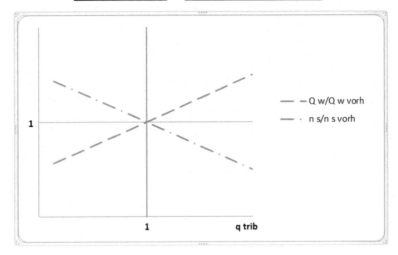

1

— — Q w/Q w vorh

— · n s/n s vorh

1   q trib

Abb. 2.24 Grafische Darstellung der Modellgesetze, logarithmisch

Gerade eingezeichnet. Die Steigung dieser Geraden entspricht dem Exponent nach Gl. 2.50. Nach gleichem Prinzip wird für die Standmenge verfahren, wobei der Exponent nach Gl. 2.51 verwendet wird. Diese Gerade ist grün strichpunktiert eingezeichnet.

Würde der Ablauf der Fertigung beispielsweise eine schnellere Bearbeitung fordern, so müsste man einen höheren Verschleiß des Werkzeugs in Kauf nehmen. Hierzu stellt man den Schieber in Abb. 2.25 so lange nach rechts, bis die geforderte Zunahme des Zeitspanvolumens angezeigt wird. Abb. 2.25 weist hierzu eine Zunahme von 11 % aus.

Die Steigerung des Zeitspanvolumens geht auf Kosten des Werkzeugverbrauchs. Werkzeugwechsel erfolgt damit bereits nach 72 statt nach 80 Teilen. Um die Erhöhung des Zeitspanvolumens zu erreichen, sind dabei die Schnitt- und die Vorschubgeschwindigkeit nach den oben dargelegten Zusammenhängen um 11 % zu erhöhen.

Wäre eine werkzeugschonendere Bearbeitung angesagt, erhält man die hierzu passenden Ergebnisse durch Betätigen des Schiebers nach links.

< ▮ >			Q w	n s
h vorh	0,27	vorh	226	80
h max	0,3	möglich	270	80

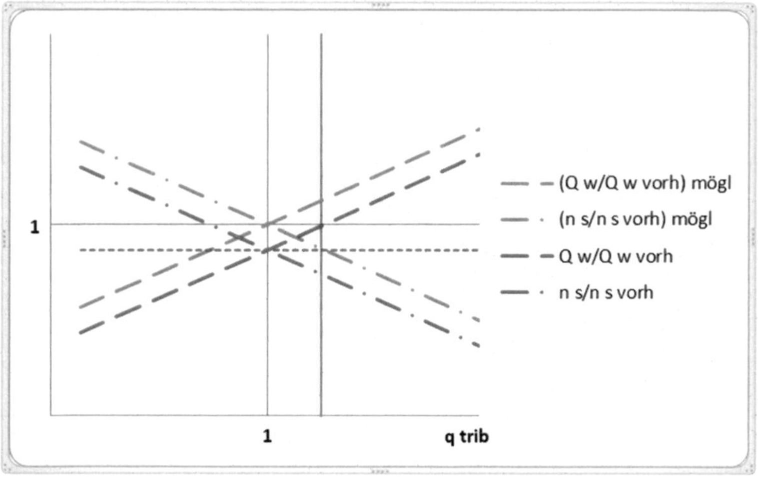

Abb. 2.27 Erhöhung des Zeitspanvolumens bei gleichbleibendem Werkzeugeinsatz

Ein Wirkpaar offenbart sein aktuelles Standvermögen mit dem Wert für die Standmenge, den es mit den vorgegebenen Werten für h_{vorh} und $Q_{w\ vorh}$ erreicht. Für die vollständige Nutzung des Standvermögens eines Wirkpaares ist damit neben der Kenntnis des Verhältnisses h_{vorh}/h_{max} lediglich die Kenntnis der aktuellen Standmenge erforderlich. Mit Hilfe der Modellgesetze gelingt es durch die Bildung von Verhältnisgrößen damit, den Einfluss sowohl der Schneidhaltigkeit der Schneide als auch die Spanbarkeit des Werkstoffs aus den Berechnungen zu eliminieren, da ihre Werte in diesem Fall konstant sind. Ist beim Einsatz eines Wirkpaares der Wert von h_{vorh} kleiner als der von h_{max}, ergibt sich ein prozentuales Defizit in der Nutzung der Spanungsdicke. Dieses Defizit bewirkt ein etwa doppelt so großes prozentuales Defizit im Bearbeitungsergebnis. Bezüglich der Vorgabe der kinematischen Maschineneinstelldaten ist es daher von wirtschaftlichem Interesse, die maximal mögliche Spanungsdicke bei einem Wirkpaar auszuschöpfen.

2.5 Dimensionslose Darstellung des Gesamtbereichs der Spanbildung

Wenn auch die Spanbildung im Bereich mit Grenzreibung die wirtschaftlich beste Lösung darstellt, so ist es doch erforderlich den Gesamtbereich in die weiteren Betrachtungen mit einzubeziehen. Grund hierfür ist die Tatsache, dass es einen Großteil von Zerspanungsvorgängen gibt, welche nicht die Bedingungen für den Aufbau von Grenzreibung erfüllen. Da der Schwerpunkt des vorliegenden Beitrags jedoch auf der Darstellung der Spanbildung mit Eigenschmierung liegt, wird im Folgenden lediglich auf die Einordnung der möglichen Parameter in das Gesamtbild eingegangen.

Abb. 2.28 zeigt die Einordnung aller Bereiche der Spanbildung. Dabei wurde

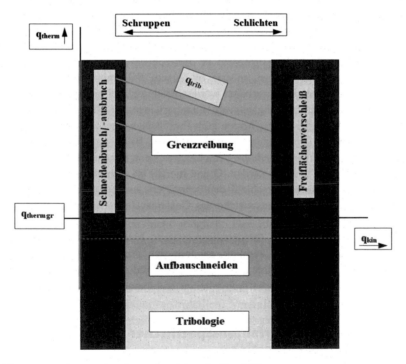

Abb. 2.28 Aufteilung des Gesamtbereiches der Spanbildung

Anwendung der Grundlagen für wirtschaftlich optimale Spanbildung

3

Die Ausführungen in Abschn. 2.5.2 haben gezeigt, dass Drehen und Fräsen prä-destiniert sind für die Nutzung der Eigenschmierung. Die weiteren Ausführungen beschränken sich damit auf diese beiden Verfahrensvarianten. Die Frage nach der Güte eines Werkzeugs kann man erst dann beantworten, wenn das Wirkpaar definiert ist, in dem es eingesetzt werden soll, und die wirtschaftlichen Anforderungen an das Bearbeitungsergebnis vorliegen. Andererseits macht sich der Anteil der Bearbeitungs- an den Herstellungskosten eines Werkstücks erst bei größeren Stückzahlen stark bemerkbar. Die weiteren Ausführungen beziehen sich daher auf den Einsatz von Werkzeugen in der Serienfertigung.

3.1 Vorgabe von Schnittdaten

Sowohl für die Spanbarkeit eines Werkstoffs als auch für die Schneidhaltigkeit einer Schneide existiert bislang keine physikalische Kenngröße. Für die Spanbarkeit des Werkstoffs wurde die Temperaturleitfähigkeit A_T und für die Schneidhaltigkeit der Schneide die Größe C_{bez} eingeführt. Die Vorgehensweise bei der Vorgabe von Schnittdaten kann damit detaillierter als bisher erfolgen.

3.1.1 Bisherige Ermittlung der Maschineneinstelldaten

Im Allgemeinen empfiehlt der Werkzeughersteller für den Einsatz seiner Werkzeuge die Werte für die Schnittgeschwindigkeit und den Vorschub/Zahn. Dabei sind die Werte für die Schnittgeschwindigkeit meist tabellarisch gestaffelt nach Spanbarkeit bzw. Spanbarkeitsklasse des zu bearbeitenden Werkstoffs aufgelistet. Teilweise sind die Werte für die Schnittgeschwindigkeit zusätzlich auch

E. Schäpermeier, *Zerspanung mit Eigenschmierstoff*, essentials, https://doi.org/10.1007/978-3-658-36381-9_3

noch nach unterschiedlichen Größen für den Vorschub/Zahn aufgegliedert. Mit Hilfe der empfohlenen Werte kann der Anwender nach bekannten Formeln die Vorschubgeschwindigkeit berechnen. Einige Hersteller bieten Schnittdatenrechner an, mit deren Hilfe der Anwender nach eigenen Vorgaben Schnitt- und Vorschubgeschwindigkeit ermitteln kann.

Eine Ausrichtung der Schnittdaten auf die orthogonale Ebene scheint bei keinem der in der Literatur zugänglichen Auslegungsverfahren vordergründig auf.

3.1.2 Optimierte Ermittlung der Maschineneinstelldaten

Im Abschn. 2.4.2 wurde dargelegt, dass die Schneidhaltigkeit einer Schneide nur dann voll genutzt werden kann, wenn ihr Eingriffsvermögen ausgeschöpft wird. Hierzu ist es erforderlich, die Größe der Spanungsdicke zu optimieren. Der Wert der Spanungsdicke hängt von den geometrischen Eingriffsverhältnissen des Werkzeugs in das Werkstück ab. Somit kann man diese Optimierung erst vornehmen, wenn das Wirkpaar definiert ist.

Die zentrale Gleichung für die Optimierung der Spanungsdicke ist der Zusammenhang nach Gl. 2.36.

$$q_{kin} = \frac{A}{h} * \sin\alpha * \sin\kappa' \tag{3.1}$$

Das Zerspanungsverfahren (A, sinα), die Art der Bearbeitung (q_{kin}, h) sowie die geometrischen Eingriffsverhältnisse des Werkzeugs in das Werkstück (sinκ´) sind bei der Optimierung der Vorgabewerte miteinander abzustimmen. Wie in Abschn. 3.2 und 3.3 näher erläutert, wird beim Schruppen der maximale Wert für die Spanungsdicke entsprechend der Empfehlung des Werkzeugherstellers vorgegeben und mit Hilfe von Gl. 3.1 die erforderliche Größe des kinematischen Geschwindigkeitsverhältnisses berechnet. Beim Schlichten ist diese durch die erforderliche Oberflächengüte festgelegt. In diesem Fall wird hiermit der Wert für die Spanungsdicke nach Gl. 3.1 ermittelt. Wird beim Schlichten ein Werkzeug ausgewählt, dessen Wert für die maximal zulässige Spanungsdicke dem so berechneten Wert entspricht, so ist auch hier die Ausschöpfung des Eingriffsvermögens gegeben.

Die Vorgabe der Schnittgeschwindigkeit entscheidet zum einen, ob die Spanbildung mit Grenzreibung erfolgen kann und zum anderen darüber, wie hoch die Verschleißgeschwindigkeit ausfallen wird. Beide Bedingungen sind im Ausdruck nach Gl. 2.25 analytisch erfasst. Für die beiden unterschiedlichen Bedingungen gelten danach folgende Zusammenhänge:

$$v_c = \frac{40 * A_T}{h^{0,89} * b^{0,11}} \qquad (3.2)$$

$$v_c = A_T * C_{bez} * h^{-0,22} * b^{-0,11} * q_{trib}{}^m \qquad (3.3)$$

Beide Gleichungen enthalten die Spanbarkeit des Werkstoffs. Gl. 3.3 enthält darüber hinaus die Schneidhaltigkeit der Schneide. Beide physikalischen Kenngrößen tauchen in diesem Zusammenhang in der Fachliteratur nicht auf. Ihre Nutzung bedarf daher der folgenden Erläuterungen.

Bisher ist die Spanbarkeit von Werkstoffen durch die Eingliederung in einzelne Spanbarkeitsgruppen klassifiziert. In der Ähnlichkeitsmechanik bildet die Temperaturleitfähigkeit die physikalische Kenngröße für die Spanbarkeit eines zu bearbeitenden Werkstoffs. Dabei sind die niedrigen Werte dieser Kennzahl den schwer spanbaren und die hohen den leicht spanbaren Stählen zugeordnet.

Bezüglich der Schneidhaltigkeit der Schneide liegen Erfahrungen bezüglich VHM-Werkzeugen, beschichtet und unbeschichtet, sowie bezüglich Wendeschneidplatten vor. Vertretbare Standzeiten wurden bei Werkzeugen mit unbeschichteten Schneiden bereits bei Werten von $C_{bez\,min} = 350$ mm$^{-2/3}$ erreicht. Da diese physikalische Kenngröße in der Fachliteratur bisher nicht erfasst wurde, liegen hierzu vom Werkzeughersteller keine Werte vor.

Das Prinzip der Vorgabe der Werte für die kinematischen Maschineneinstelldaten lässt sich damit wie folgt zusammenfassen:

• Spanbildung mit Grenzreibung erreichen
• Standvermögen des Wirkpaares voll ausschöpfen

Bei der Berechnung der Werte der entsprechenden Maschineneinstelldaten kann dabei zunächst von den oben genannten Erfahrungswerten für Spanbarkeit und Schneidhaltigkeit ausgegangen werden. Die Anpassung der geeigneten Größe für den Werkzeugwechselzyklus lässt sich nach Einsatz des Wirkpaares dann berechnen, wenn die pro Werkzeugwechselzyklus IO-gefertigte Anzahl der Teile verändert werden soll. Damit kann die Beschreibung der praktischen Nutzung der Grundlagen erfolgen.

Fräsen
Schneidenabstand A: Stellvertretend für die Fräsverfahren werden die Parameter für das Umfangsfräsen behandelt. Für die Berechnung gilt Gl. 3.9.

$$A = \frac{D_F * \pi}{z} \qquad (3.9)$$

Dabei bedeuten:

- D_F = Fräserdurchmesser
- z = Schneidenanzahl am Umfang

Zuführwinkel α: Die Berechnung erfolgt nach Gl. 2.33.
Einführwinkel κ´
Schneideneingriffsbreite B: Berechnung erfolgt unter Benutzung von Gl. 2.34 und 2.35.
Drallwinkel Φ: Eingabewert.
Damit sind für die Berechnung der Spanungsdicke und der Spanungsbreite zusätzlich folgende Eingabewerte erforderlich.

- Werkzeugdurchmesser D_F
- Schneidenzahl am Umfang z
- Eckenradius r
- Einstellwinkel κ
- Schnitttiefe a_p
- seitliche Zustellung a_e

Der Zusammenhang zwischen der Rautiefe und dem kinematischen Geschwindigkeitsverhältnis q_{kin} ergibt.

$$q_{kin} = \frac{50}{z} * \sqrt{\frac{D_F}{Rt}} \qquad (3.10)$$

Dabei ist die Rautiefe Rt in μm einzugeben.

3.2.2 kinematische Maschineneinstelldaten

Wie bei der Beschreibung des Vorgehens bei der Kinematik seien auch hier die entscheidenden Gleichungen nochmals herangezogen. Aus dem oben genannten Grund erhält das tribologische Geschwindigkeitsverhältnis den Wert 1.

$$v_{c1} = \frac{40 * A_T}{h^{0,89} * b^{0,11}} \tag{3.11}$$

$$v_{c2} = \frac{A_T * C_{bez}}{h^{0,22} * b^{0,11}} \tag{3.12}$$

Um das Standvermögen des auszulegenden Wirkpaares auszuschöpfen, ist der Wert für die maximal zulässige Spanungsdicke vorzugeben. Hier ist zwischen Schruppen und Schlichten zu unterscheiden.

Beim Schruppen wird hierzu der Wert der maximal zulässigen mechanischen Belastung vorgegeben. Beim Schlichten bestimmt dagegen die geforderte Oberflächengüte einen minimalen Wert für das kinematische Geschwindigkeitsverhältnis. Beim Drehen gilt hierfür Gl. 3.8 und beim Fräsen Gl. 3.10. Setzt man den so ermittelten Wert in Gl. 3.4 ein, so ergibt sich der zulässige Wert für die Spanungsdicke. Damit liegen alle Werte vor, welche für die Berechnung der Schnittgeschwindigkeit erforderlich sind.

Spanbildung mit Grenzreibung setzt dabei allerdings folgendes Ergebnis voraus:

$$v_{c1} \leq v_{c2} \tag{3.13}$$

Für die Berechnung der Vorschubgeschwindigkeit wird die Schnittgeschwindigkeit durch das kinematische Geschwindigkeitsverhältnis dividiert.

3.2.3 Optimieren der Vorgabewerte

Mit den berechneten kinematischen Maschineneinstelldaten wird die Produktion begonnen. Die vorgegebenen Werte liefern zwar die volle Ausschöpfung des Standvermögens, möglicherweise passt die innerhalb eines Werkzeugwechselzyklus IO-gefertigter Werkstücke nicht in das Ablaufkonzept der Produktion. Dies lässt sich wie folgt anpassen:

			Q w	n s
h vorh	0,3	vorh	226	80
h max	0,3	gefordert	202	90

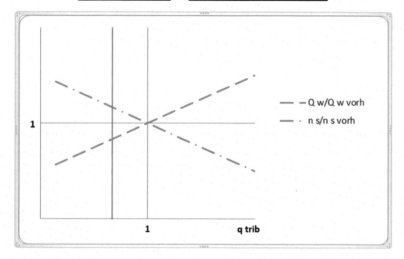

Abb. 3.1 Optimierung der Vorgabewerte

Durch Betätigen des Schiebers stellt man die gewünschte Anzahl der innerhalb eines Werkzeugwechselzyklus IO zu fertigenden Werkstücke ein. Die Darstellung in Abb. 3.1 liefert hierzu ein Beispiel, bei dem die Stückzahl von 80 auf 90 Werkstücke angehoben wird.

3.3   Prozessoptimierung in der Serienfertigung

Die Bildung von Eigenschmierstoff setzt bei einem entsprechenden Wirkpaar voraus, dass die vorgegebenen Werte für die kinematischen Einstelldaten die beiden Bedingungen nach Gl. 3.11 und 3.12 erfüllen. Um dies zu überprüfen, ist zunächst das kinematische Geschwindigkeitsverhältnis zu berechnen und wie bei der Prozessauslegung beschrieben die Größen für die Spanungsdicke und -breite zu ermitteln.

Wird das Wirkpaar in diesem Fall bereits mit der Bildung von Eigenschmierstoff betrieben, lässt sich zunächst überprüfen, ob das Standvermögen bereits voll ausgeschöpft ist. Hierzu wird der berechnete mit dem zulässigen Wert der Spanungsdicke verglichen. Besteht dabei ein Defizit in der Ausschöpfung des Standvermögens, so wird der optimierte Wert für das kinematische Geschwindigkeitsverhältnis berechnet. Damit ergibt sich unter Beibehaltung der vorgegebenen Schnittgeschwindigkeit der Wert für die Vorschubgeschwindigkeit.

Die Bearbeitung wird mit den neuen Maschineneinstelldaten weitergeführt. Damit erhält man die Situation wie sie für die Prozedur bei der Prozessauslegung in Abschnitt 3.2.3 beschrieben ist.

Zusammenfassung 4

Die Wirtschaftlichkeit der Zerspanung von Stahl mit geometrisch bestimmter Schneide hängt mitentscheidend von den Reibungsbedingungen ab, unter denen das bei der Spanbildung zum Span umgeformte Material über die Spanfläche ausgeschoben wird. Die unterschiedlichen Arten der Reibung ergeben unterschiedlich hohe Verschleißgeschwindigkeiten an der Werkzeugschneide. Der geringste Verschleiß liegt dann vor, wenn das Ausschieben des Spans unter Grenzreibung erfolgt.

In diesem Fall bildet sich an der Spanunterseite im Kontaktbereich Spanunterseite/Spanfläche bedingt durch die hohe Temperatur eine „teigige Masse". Diese füllt den Zwischenraum, welcher sich infolge der Mikrorauheit der Spanfläche ergibt, voll aus. Die Normalspannung wird nur von den Kuppen der Spanfläche aufgenommen. Die Drangkraft verteilt sich dagegen auf die gesamte Fläche des Kontaktbereiches Spanunterseite/Spanfläche. Die Kuppen erfahren daher nur einen Teil der Scherbelastung. Damit vermindert sich die Verschleißbelastung.

Die hohen Temperaturen im Kontaktbereich Spanunterseite/Spanfläche erfordern hohe Werte des thermischen Geschwindigkeitsverhältnisses. Das bedeutet, dass hohe Werte des Zeitspanvolumens gefahren werden können. Diese Art der Spanbildung liefert zudem den eigenen Schmierstoff und trägt damit zur Trockenbearbeitung bei. Dadurch ergibt sich neben dem ökonomischen zusätzlich ein ökologischer Vorteil.

Die Spanbildung, bei der sich Eigenschmierstoff bildet, lässt sich analytisch durch Modellgesetze abbilden, wobei die Gültigkeitsgrenzen ebenfalls analytisch beschrieben werden. Die Abhängigkeit der Verschleißgeschwindigkeit von den Einflussgrößen lässt sich dabei durch drei dimensionslose Kennzahlen, das kinematische, das thermische und das tribologische Geschwindigkeitsverhältnis wiedergeben.

© Der/die Autor(en), exklusiv lizenziert durch Springer Fachmedien Wiesbaden GmbH, ein Teil von Springer Nature 2022
E. Schäpermeier, *Zerspanung mit Eigenschmierstoff*, essentials,
https://doi.org/10.1007/978-3-658-36381-9_4

Diese Gesetzmäßigkeiten liefern die Basis dafür, die Leistungsfähigkeit der auf dem Markt befindlichen Werkzeuge optimal zu nutzen. Dies ist insbesondere beim Drehen und Fräsen in der Serienfertigung von Vorteil. Defizite in der Werkzeugnutzung schlagen hier kostenmäßig zu Buche, da vermeidbare Kosten über einen langen Zeitraum anfallen. Die Anwendung der Modellgesetze zur Aufdeckung und Behebung derartiger Kosten in der Praxis kann rein rechnerisch erfolgen. Dies hat den Vorteil, dass solche Anwendungen ohne Unterbrechung des Produktionsbetriebes in der Serienfertigung durchführbar sind.

Was Sie aus diesem *essential* mitnehmen können

- Welchen Einfluss die Thermodynamik auf die Spanbildung ausübt
- Wie stark die Temperaturabhängigkeit der physikalischen Eigenschaften von Stahl die Spanbildung beeinflusst
- Welchen Einfluss die Mikrotextur der Spanfläche auf die Spanbildung ausüben kann
- Wo, wann und wie Sie die Wirtschaftlichkeit Ihrer spanenden Fertigung optimieren können

Literatur

Klocke F., König W. (2008) Fertigungsverfahren 1 – Drehen, Fräsen, Bohren. Springer, Berlin, Heidelberg

Hoppe S.: Experimental and Numerical Analysis of Chip Formation in Metal Cutting; (2003): Dissertation RWTH Aachen

Müller B. (2004) Thermische Analyse des Zerspanens metallischer Werkstoffe bei hohen Schnittgeschwindigkeiten. Dissertation, RWTH Aachen

Richter F. (2011) Die physikalischen Eigenschaften der Stähle. TU Graz. https://urldefense. com/v3/__https://www.tugraz.at/institute/iep/forschung/thermophysics-and-metalphys ics/literature/__;!!NLFGqXoFfo8MMQ!_yKlSP8dlyi_YFEoscMLTqNY81it-1x8Vyti57 pUOfvK59xzxiwcvnwIeL9buhzIjfUFuUN7$

Vieregge G. (1970) Zerspanung der Eisenwerkstoffe. Stahleisen-Bücher Band 16. STAHL-EISEN, Düsseldorf

© Der/die Herausgeber bzw. der/die Autor(en), exklusiv lizenziert durch
Springer Fachmedien Wiesbaden GmbH, ein Teil von Springer Nature 2022
E. Schäpermeier, *Zerspanung mit Eigenschmierstoff*, essentials,
https://doi.org/10.1007/978-3-658-36381-9

Printed in the United States
by Baker & Taylor Publisher Services